地方应用型本科教学内涵建设成果系列丛书

生物反应工程

主　编　姚璐晔

南京大学出版社

图书在版编目(CIP)数据

生物反应工程 / 姚璐晔主编. — 南京：南京大学
出版社，2016.12(2019.12 重印)
（地方应用型本科教学内涵建设成果系列丛书）
ISBN 978 - 7 - 305 - 17909 - 9

Ⅰ. ①生… Ⅱ. ①姚… Ⅲ. ①化学工业－生物工程－
高等学校－教材 Ⅳ. ①TQ033

中国版本图书馆 CIP 数据核字(2016)第 281570 号

出版发行　南京大学出版社
社　　址　南京市汉口路 22 号　　　　邮　编　210093
出版人　金鑫荣

丛 书 名　地方应用型本科教学内涵建设成果系列丛书
书　　名　生物反应工程
主　　编　姚璐晔
责任编辑　江宏娟　　　　　　　　编辑热线　025 - 83597243

照　　排　南京南琳图文制作有限公司
印　　刷　虎彩印艺股份有限公司
开　　本　787×960　1/16　印张 11.5　字数 206 千
版　　次　2016 年 12 月第 1 版　2019 年 12 月第 2 次印刷
ISBN 978 - 7 - 305 - 17909 - 9
定　　价　30.00 元

网址：http://www.njupco.com
官方微博：http://weibo.com/njupco
官方微信号：njupress
销售咨询热线：(025) 83594756

前　言

　　生物技术有着很长的发展历史，但与生物过程、生物催化转化相关的知识体系却远未成熟。分子生物学与基因工程，特别是近年来组学技术的发展，极大地扩展和深化了以生物反应过程的定量分析与设计为基础的生物反应工程学科的知识体系。酶或细胞催化转化的机制、不同类型生物反应器和生物反应过程的分析与设计、细胞代谢网络的分析与调控等相关的新理论、新技术的不断出现，丰富和充实了生物反应工程的研究内容。生物反应工程在工业生物技术、医药生物技术、环境生物技术等生命科学研究与应用领域发挥着越来越重要的作用。

　　生物反应工程实质上是一门研究生物反应过程中带有共性的工程技术问题的学科。它既是现代生物工程学科的重要理论基础，也是现代生化工程研究的前沿领域之一。编著本书的目的之一就是为生物工程专业的学生在学习了生物化学、微生物学、物理化学和化工原理等课程的基础上，学习生物反应工程提供一部适用的教材或参考书。

　　生物反应工程的基本内容可分为生化反应过程动力学和生化反应器两个方面。生化反应过程动力学着重讨论了酶催化反应动力学与微生物反应过程的基本动力学规律，而生化反应器的设计与分析，则重点讨论了理想反应器。由于本书是针对工科背景学生学习所用，故添加了生物工程的工业应用内容，即培养基和空气的灭菌处理。

　　本书力图突出用数学的模型及公式表述生化反应的原理与过程的特点,因而对有关的基本理论与方法做了比较详细的讨论和介绍。在编写本书时,编者还力图做到把重点放在介绍主要概念及分析解决问题的方法上,对已在其他课程中讲授的内容本书不再重复。同时还附有例题和习题,以帮助读者理解和掌握有关概念与方法。

　　在本书的编写过程中,得到了很多同行的关心和帮助,在此向他们表示衷心的感谢!

　　由于作者水平有限,错误和不足之处在所难免,恳切希望读者予以批评指正。

编　者

2016 年 11 月

目　录

第一章 绪 论

学习目的：

了解生物反应工程的定义、特点和发展史，明确学习生物反应工程课程的目的与关键点，掌握生物反应工程课程的主要内容与学习方法。

生物反应工程是一门将现代生物科学技术成果应用于大规模生产，以满足人类对能源、材料和化学品需求的技术。人们可以采用生物质原料来替代石油和天然气，或采用生物学工艺过程（如发酵或生物催化）来替代化学工艺过程，其最终目的是生产出性质与现有化学品相同的产品，或者是具有新性能的产品。能源的短缺、资源的匮乏、环境治理的需求，促使工业生物技术正在成为继医药生物技术和农业生物技术以后的生物技术发展的"第三次浪潮"。

1. 生物反应工程

生物反应工程是专业研究由生物催化剂参与反应过程的工程学科，又是一门以生物学、化学和工程学等多种学科为基础的交叉学科。

从生物反应过程开发所涉及的内容分析，生物反应工程的任务是以生物反应过程动力学为基础，将传递过程原理等化学工程学的原理和方法与生物反应过程的特点相结合，以进行生物反应过程的分析与开发、生物反应器的设计和放大。从生物反应过程开发的分析，生物反应工程的主要任务是将实验室的研究成果放大到工业规模反应装置上以进行工业化生产。

生物反应工程具有下列特点：① 由于采用生物催化剂，反应过程可在常温、常压下进行，且可运用 DNA 重组技术及原生质体融合等现代生物技术构建或改造生物催化剂而赋予生物反应过程以现实和潜在的活力，但生物催化剂易于失活、易受环境的影响和杂菌的污染，一般不能长时间使用。② 采用可再生资源作为主要原材料，过程中废物的危害性较小，但原料成分往往难以控制，给产品质量带来一定影响。③ 与化工生产相比，生产设备较为简单，能量消耗一般也较少，但由于过高的底物或产物浓度导致酶的活性被抑制或细胞不能耐受如此高的渗透压而失活，因此反应液中的底物（基质）浓度不能过高，这样会导致很

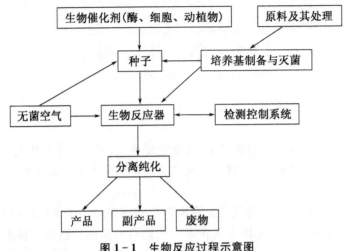

图 1-1　生物反应过程示意图

大的反应器体积且要求在无杂菌污染情况下进行操作。④ 酶反应过程的专一性强,转化率高,但成本较高;发酵过程成本低、应用广,但反应机制复杂,较难控制,反应液中杂质较多,给提取纯化带来困难。

2. 生物反应工程发展史

(1) 第一阶段:19 世纪后期　Hanson 在 Carlsbery 酿造厂发展了分离和繁殖单个酵母细胞以产生纯培养物的方法,并发展了复杂的生产种子培养物质的技术。但在当时,许多小型传统的麦芽酒酿厂仍然使用混合酵母培养物。

醋由酒曲生产,它在浅盘或混合装满的桶中由天然微生物菌群缓慢氧化而生成。人们对这一过程的认识促使了“发生器”的产生,“发生器”由一只充满惰性物质(如煤、木炭和不同种类木屑)的容器构成,在该容器的下方,醋滴落下来。这种醋发生器被认为是开发出的第一代“有氧”发酵罐。19 世纪后期到 20 世纪早期,培养基用巴斯德法灭菌,接种了 10% 的优质醋可使培养基呈酸性,这样不仅可以抗污染,而且提供了一个良好的接种剂。到了 20 世纪初,发酵过程控制的概念在酿造行业和醋工业中慢慢地建立起来。

(2) 第二阶段:1900—1940 年期间　这个阶段主要的新产品是酵母细胞、甘油、柠檬酸、乳酸和丙酮-丁醇;这个时期最重要的进步是在面包酵母和有机溶剂发酵方面的发展。面包酵母的生产是一个好氧过程,人们认识到酵母细胞在富含麦芽汁的培养基中快速生长,导致培养基中氧的消耗;而氧的限制会使发酵过程以降低菌体生长为代价而产生酒精。通过控制碳源而不是氧气,即限制初始麦芽汁浓度来控制细胞的生长就可以解决这一问题;随后在培养液中再添加少量麦芽汁即可控制之后的培养物生长过程,这就是补料-分批培养技术,该技术现广泛应用于发酵工业,以避免氧气限制情况的发生。

丙酮-丁醇发酵技术是 Weizmann 在第一次世界大战期间建立起来的第一个真正意义上的无菌发酵,即采用一个良好的接种物和适宜的无菌条件。丙酮-丁醇的发酵是个厌氧过程,早期容易被好氧细菌污染;一旦厌氧条件被建立,在发酵过程的后期又易被产酸的厌氧菌所污染。发酵所用的发酵罐采用垂直圆柱体形,用低碳钢造的半圆形盖子和底部,使其能在一定压力下进行蒸汽灭菌;各部分之间连接紧密,使污染杂菌的概率达到最小。

(3) 第三阶段:在战时应运而生　青霉素是抗生素的一种,从青霉菌培养液中提制的药物,是第一种能够治疗人类疾病的抗生素。青霉素的发现者是英国细菌学家亚历山大·弗莱明。1928 年的一天,弗莱明在他的一间实验室里研究导致人体发热的葡萄球菌,由于盖子没有盖好,他发现培养细菌用的琼脂上附了一层青霉素,这是从楼上的一位研究青霉素的学者的窗口飘落进来的;让弗莱明感到惊讶的是,在青霉菌旁,葡萄球菌忽然不见了。这个偶然的发现吸引了他,他设法培养这种霉菌进行多次试验,证明青霉素可以在几小时内将葡萄球菌全部杀死。弗莱明据此发明了葡萄球菌的克星——青霉素。

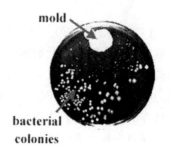

Fleming's original plate:

mold

bacterial colonies

图 1-2　青霉素的发现

1935 年,英国牛津大学生物化学家钱恩和物理学家弗罗里继续对弗莱明的发现进行研究。钱恩负责青霉菌的培养和青霉素的分离、提纯和强化,使其抗菌力提高了几千倍;弗罗里负责对动物观察试验。至此,青霉素的功效得到证明。

由于青霉素的发现和大量生产,拯救了千百万肺炎、脑膜炎、脓肿、败血病患者的生命,及时抢救了许多的伤病员。青霉素的发现,当时曾轰动世界,为了表彰这一造福人类的贡献,弗莱明、钱恩、弗罗里于 1945 年共同获得诺贝尔医学和生理学奖。

青霉素生产是一个极易感染杂菌的好氧过程,为了保证青霉的良好生长,必须向培养青霉的营养液中输入灭过菌的空气,这在当时是件很困难的事情。直到 1942 年,青霉素的大规模生产才有可能;其中,最主要的是人们发明了上万吨的发酵罐,里面装有搅拌桨,能满足青霉生产的需要,这样青霉素的产量得以显著提高。为青霉素的提取而发展起来的大规模提取方法,在当时也是一个主要进步。

图 1-3　早期青霉素的生产

(4) 第四阶段:20 世纪 60 年代早期　一些跨国企业生产微生物细胞作为饲料蛋白。微生物蛋白低廉的价格使得它的产量比其他发酵产品大得多,并且利用碳氢化合物作为潜在的碳源,而发酵过程中要求大量的氧气,这些需求促进了压力喷射和压力循环发酵罐的发展。从经济角度考虑,当时分批培养和补料-分批培养的方法在工业生产上应用普遍,但是通过添加新鲜培养基到发酵罐中,并从培养液中取出微生物的连续培养技术,只在一个很小范围内的大规模生产中得到应用。

在这一时期,一些工业化的发展过程逐渐成熟,其中发展最成熟的是英国帝国化学公司(Imperial Chemical Industries Ltd,ICI),它使用 3 000 m³ 的压力循环发酵罐进行连续生产。大容量的连续发酵罐能在超过 100 天的时间内进行连续生产,这就必须考虑无菌操作问题。高质量的发酵罐制造技术和添加培养基的连续灭菌技术解决了此类发酵罐的无菌操作问题。同时,使用计算机控制灭菌和循环操作,降低了人为造成差错的可能性。

（5）第五阶段：起始于微生物的体外遗传操作技术，通常称做遗传工程。遗传工程不仅能在不相关的微生物之间转移基因，而且可以非常准确地改造微生物基因组，这样微生物细胞可以生产通常由高等生物细胞才能生产的有关化合物，这些由微生物细胞合成的高等生物细胞的产物可以为新的发酵工程打下基础，如胰岛素和干扰素的生产。这样微生物产品的产量可以通过使用遗传操作技术得到提高。基因操作方法对发酵工业产生重大变革，从而形成许多新的发酵工程。

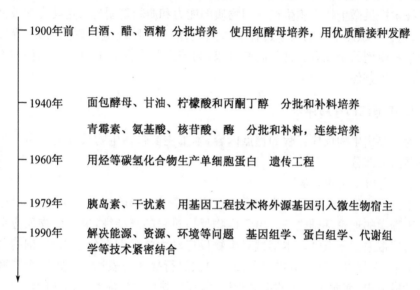

图1-4　生物反应工程发展年鉴

3. 生物反应工程的研究进展

20世纪40年代，由于解决了高效通气搅拌供养和大型反应器灭菌技术，使以青霉素为代表的微生物发酵工业进入了一个新的发展阶段，一门反映生物技术和化学工程的交叉学科——生物化学工程诞生并取得了快速发展。

随着生物技术的发展，又利用数学、化学反应工程的原理与方法进行生物反应过程的研究，使反应过程的操作控制更加合理，新型生物反应器不断出现，这些都促使生物反应工程这一新分支从生物化学工程领域中产生。

1971年，英国的阿特金逊(B. Atkinson)首先提出生化反应工程这一术语，并在1974年出版了《生化反应器》一书；1975年，日本学者合叶修一出版了《生物化学工程——反应动力学》；1979年，日本学者山根恒夫编著了《生物反应工程》;1985 年,德国学者许盖尔特(Schügerl)出版了《生物反应工程》专著;1993年,日本学者川濑义矩出版了《生物反应工程基础》;1994 年,丹麦学者尼尔森(Nielsen)等编著了《生物反应工程原理》一书。与此同时,我国的学者也编著了有关书籍。

近年来,基因工程、代谢工程和蛋白质工程的快速发展为高产细胞株和新型生物催化剂的获得提供了先进的技术;新型生物反应器的开发和先进控制技术的发展为提高生物催化反应的效率创造了良好的技术基础。例如,利用 DNA重组技术提供微生物细胞生产有用物质的能力和质粒复制与表达动力学模型的研究;超临界状态下生物反应过程的研究;双液相生物反应过程的研究;界面微生物生长模型的研究等。这些研究成果,为建立更丰富的生物反应工程理论和方法创造了条件。

4. 本书的内容与体系

为了突出生物反应工程的重点内容,本书主要包括生物反应动力学与生物反应器两大部分。

(1) 生物反应动力学

生物反应动力学是研究生物反应过程速率及其影响因素的科学,它是生物反应工程学的理论基础之一。由于生物反应过程的复杂性,也为生物反应动力学的描述带来了复杂性。本书试对生物反应动力学模型在分子水平、细胞及其群体水平、颗粒水平和反应器水平四个层次进行描述与表达。上述四个层次的动力学模型中,前两个层次的动力学模型,仅反映生物反应本身内在的动力学规律,称为微观反应动力学;后两个层次的动力学模型中,都包括了传递因素对生物反应速率的影响,称为宏观反应动力学。对生物反应工程,更应重视后者。

对酶(均相)催化反应,反应动力学可在分子水平上进行描述,根据其反应机理可推导建立模型方程。

对单细胞反应,其动力学模型可分为以下三类:

第一类为结构模型,该模型考虑了胞内组成的变化和代谢网络,反映了胞内反应过程的部分本质和机理,称之为机理模型,但该类模型涉及过多的模型方程和参数,应用尚有一定困难。

第二类为"黑箱"模型,它是完全建立在生物反应过程的状态变量(如细胞浓度与生长速率、底物和产物浓度之比等)与操作变量(如温度、pH、加料速率和通气量等)相关实验数据基础上的模型。它没有考虑过程的机理,模型也不具有明确的物理意义,是一种纯粹"黑箱"性质的经验模型。最常见的"黑箱"经验模型为基于状态变量与操作变量之间的数据回归模型。该类模型仅限于在所描述的范围内使用。

第三类为介于上述两类模型之间的非结构模型。它是把生物反应过程的理论定量与经验公式结合起来,采用若干状态方程来表示生物反应过程的特征,而动力学参数则根据细胞种类和反应体系的不同可选用不同的模型加以描述。例如,用 Monod 方程描述细胞没有考虑参与生物反应过程的所有反应网络,所反映的仅仅是过程的表现动力学特征,所考虑的状态变量和模型参数也有限,所建模型比较简单,模型参数也有其明确的物理意义。

上述有关细胞反应动力学的三类模型中,第一类为体现反应机理的动力学模型;第二类为根据实验数据进行数学模拟的经验动力学模型;第三类为依据相类似的反应机理和实验数据相结合的方法而建立的半理论半经验的动力学模型,此类动力学又称形式动力学。它是目前生物反应工程中常用的一种动力学模型。

若为固定化生物催化剂反应过程,则所建立的动力学模型中要考虑传质速率对生物催化反应过程速率的影响。它是在固定化生物催化剂颗粒的水平上进行的动力学描述,该类模型不仅包括生物催化本身的反应速率,也包括了传质速率的影响。

(2)生物反应器

生物反应器是生物反应过程的核心设备,要求它能为进行各种生物反应过程提供良好的反应环境和条件。由于生物反应的多样性和反应过程的复杂性,生物反应器的型式虽多种多样,但仍不能适应生物反应过程的多种需要,其生产效率不高。为了掌握生物反应器的基本特性和设计放大,有必要对生物反应器的操作模型、传递与混合特性和设计与放大等方面进行分析讨论。

生物反应器的操作模型,是描述生物反应在不同操作方式、不同典型反应中的反应动力学模型,它既是生物反应过程动力学在反应器水平上的延伸,也是生物反应器的设计基础。若将某一生物反应过程分别放在分批式、半分批式和连续式操作的不同结构型式的反应器中进行反应,则该反应过程会表现出不同的动力学特性和反应结果,即生物反应过程在反应器水平上所表达的不同动力学,它是表示生物反应器内生物反应与物理现象之间相互作用的动力学模型。

生物反应器的传递与混合特性,则主要描述了反应液的流变性、剪切特性、氧的传递和混合等物理特性对生物反应过程的影响,这有助于了解生物反应器内影响生物反应过程因素的多样性和复杂性;为正确选择反应器型式、操作方式和进行反应器设计与放大提供了理论依据。

生物反应器的设计是一个复杂的系统工程，包括根据生物催化反应过程的特点和工艺要求而选择反应器的型式、结构和操作方式；根据有关衡算式和反应过程动力学以确定完成规定生产任务时所需反应器体积和几何尺寸等。本书则主要讨论了各类工业生物反应器的流动模型。

本章小结

生物反应工程在生物技术产业化过程中起着重要的作用。通过对生物反应动力学和生物反应器的研究，了解生物过程变化的机制，指导生物过程的设计。在生命科学飞速发展的今天，该学科不仅应用于工程设计，还与基础科学（如系统生物学等）交叉融合，促进了生命科学的发展。

复习题

1. 什么是生物反应工程？
2. 生物反应工程研究的主要研究对象和研究内容是什么？
3. 简述生物反应器的类型及其特点。

第二章 培养基灭菌 空气除菌

学习目的：

　　理解生物反应工程中常用灭菌技术的重要性和常用的灭菌技术；掌握分批灭菌、连续灭菌的特点及空气除菌的流程；熟知微生物的热死灭动力学。

　　绝大多数发酵过程需要在无杂菌条件下进行，因此培养基的灭菌必须合理地设计，使之既能达到所需要的无菌程度，又能保证培养基中有效成分的破坏在允许范围之内。培养基的灭菌系指杀灭培养基中有生活能力的细菌营养体及其孢子，或除去培养基中的细菌营养体及其孢子。工业规模上的液体培养基灭菌，杀灭杂菌比除去杂菌更为常用，其中热灭菌法最为简便、有效和经济。培养基灭菌程度的要求因所服务的发酵系统而异。实际上，绝对的无菌不但难以做到，也是不必要的。

　　微生物发酵分为好氧发酵和厌氧发酵两大类，绝大多数工艺微生物发酵都是好氧发酵。无菌空气是好氧微生物的氧源，获得大量的无菌空气供给好氧发酵微生物是生物反应工程中极为重要的课题，所以空气除菌是发酵工业的一个重要环节。

第一节 培养基灭菌

　　对于液体培养基的热灭菌，工程上所需解决的课题是：将培养基中的杂菌总数（N_0）杀灭到可以接受的总数（N），需要多高的温度、多长的时间最为合理？这取决于杂菌孢子的热死灭动力学、反应器的型式和操作方法，还取决于培养基中有效成分受热破坏的可接受范围。

1. 巴氏消毒法

　　消毒是指杀死病原微生物，但不一定能杀死细菌芽胞的方法。巴氏消毒法也称为低温消毒法、冷杀菌法，是一种利用较低温度既可杀死病菌又能保持物品中营养物质风味不变的消毒法。

巴氏消毒法的产生来源于巴斯德解决啤酒变酸的问题。当时,法国酿酒业面临着一个令人头疼的问题,那就是啤酒在酿出后会变酸,根本无法饮用,而且这种变酸现象还时常发生。巴斯德受人邀请去研究这个问题。经过观察,他发现使啤酒变酸的罪魁祸首是乳酸杆菌。营养丰富的啤酒简直就是乳酸杆菌的生长天堂。采取简单的煮沸方法可以杀死乳酸杆菌,但啤酒就煮坏了。巴斯德尝试使用不同的温度来杀死乳酸杆菌,且又不破坏啤酒本身。最后,巴斯德的研究结果是:以 50～60 ℃ 的温度加热啤酒半小时,就可以杀死啤酒中的乳酸杆菌,而不必煮沸。这一方法挽救了法国的酿酒业。

目前通用的巴氏消毒法主要有两种:一种是将牛奶加热到 62～65 ℃,保持30 分钟。采用这一方法,可杀死牛奶中各种生长型致病菌,灭菌效率可达 97.3%～99.9%,经消毒后残留的只是部分嗜热菌、耐热性菌以及芽孢等,但这些细菌多数是乳酸菌,乳酸菌不但对人无害反而有益健康。第二种方法是将牛奶加热到 75～90 ℃,保温 15～16 秒,其杀菌时间更短,工作效率更高。但杀菌的基本原则是,能将病原菌杀死即可,温度太高反而会有较多的营养损失。

巴斯德

图 2-1　法国微生物学家、化学家、近代微生物学的奠基人

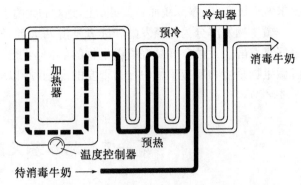

图 2-2　高温瞬间巴氏消毒法的操作流程图

2. 化学灭菌法

化学灭菌法是指用化学药品直接作用于微生物而将其杀死的方法。对微生物具有杀死作用的化学药品称为杀菌剂,可分为气体杀菌剂和液体杀菌剂。杀菌剂仅对微生物繁殖体有效,不能杀死芽孢。化学杀菌剂的杀灭效果主要取决

于微生物的种类与数量,物体表面的光洁度或多孔性以及杀菌剂的性质等。化学灭菌的目的在于减少微生物的数目,以控制一定的无菌状态。

表 2-1 不同类型的杀菌剂

类别	作用机制	常用种类
酚类	蛋白变性、细胞膜损伤	石炭酸
醇类	蛋白变性	乙醇
氧化剂	氧化、蛋白沉淀	高锰酸钾、过氧乙酸、碘酒
重金属盐	氧化、蛋白酶变性	红汞、硫柳汞
表面活性剂	蛋白变性、细胞膜损伤	新洁尔灭
染料	干扰氧化、抑制繁殖	龙胆紫
酸碱类	破坏膜、壁、蛋白凝固	醋酸、生石灰
烷化剂	蛋白质、核酸烷基化	环氧乙烷

3. 射线灭菌法

紫外线波长在 200～300 nm 范围内,具有杀菌作用,比 265～266 nm 杀菌力强。此段波长易被细胞中的核酸吸收,使 DNA 链上相邻的两个胸腺嘧啶共价结合形成二聚体,导致细菌变异和死亡。射线灭菌的杀菌效力与其强度和时间的乘积成正比。

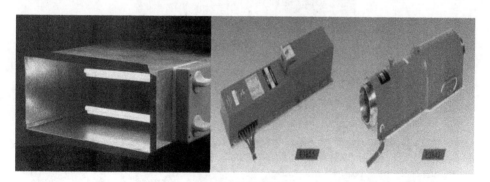

图 2-3 射线灭菌

4. 过滤除菌法

有些需要灭菌的材料不能受热,例如许多维生素溶液,对于这类液体可以用过滤法灭菌。过滤法不是将微生物杀死,而是把它们排除出去。目前,过滤除菌采用两类器具，一类叫深层滤器，例如用烧结玻璃、不伤釉的陶瓷颗粒或石棉压成的滤板等；另一类是滤膜。深层滤器已经使用了 100 年以上，现在有逐渐被滤膜取代的趋势，但因为大量沉淀物容易堵塞滤膜，所以一般先用深层滤器除去大的颗粒。

滤膜一般由醋酸纤维素、硝酸纤维素、多聚碳酸酯、聚偏氟乙烯等合成纤维材料制成。滤膜的孔径一般为 0.2 微米，它可以滤除绝大多数微生物的营养细胞，过滤法的最大缺点是不能滤除病毒。过滤法用途广泛，除去饮料、药物生产中使用外，空气也常常用过滤法除菌。我们通常做微生物学实验时灭过菌的容器一般用棉花塞堵在出口处，实际上就是过滤除去空气中的微生物，使进入容器的空气没有污染微生物。微生物学实验室使用的超净台也用过滤法除菌。

图 2-4　固定滤膜装置

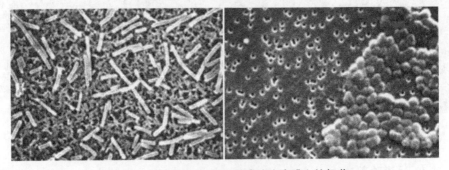

图 2-5　留存在尼龙和多聚碳酸酯滤膜上的杆菌

5. 干热灭菌法

指用高温干热空气灭菌的方法。该法适用于耐高温的玻璃、金属制品、不允许湿热气体穿透的油脂(如油性软膏机制、注射用油等)和耐高温的粉末化学药品的灭菌,不适合橡胶、塑料及大部分药品的灭菌。在干热状态下,由于热穿透力较差,微生物的耐热性较强,必须长时间受高温的作用才能达到灭菌的目的。因此,干热空气灭菌法采用的温度较高,一般规定:135~140 ℃,灭菌 3~5 h;或 160~170 ℃,灭菌 2~4 h;或 180~200 ℃,灭菌 0.5~1 h。

干热灭菌法的具体操作有:① 焚烧,用火焚烧是一种彻底的灭菌方法,破坏性大,仅适用于废弃物品或动物尸体等;② 烧灼,直接用火焰灭菌,适用于实验室的金属器械(镊、剪、接种环等)、玻璃试管口和瓶口等的灭菌;③ 干烤,在干烤箱内进行,加热至 160~170 ℃维持 2 h,可杀死包括芽孢在内的所有微生物,适用于耐高温的玻璃器皿、瓷器、玻质纤维等。

6. 湿热灭菌法

指用饱和水蒸气、沸水或流通蒸汽进行灭菌的方法;由于蒸汽潜热大、穿透力强、容易使蛋白质变性或凝固,所以该法的灭菌效率比干热灭菌法高,是药物制剂生产过程中最常用的灭菌方法。湿热灭菌法能在较低温度下达到与干热法相同的灭菌效果,其原因是:① 湿热灭菌中蛋白吸收水分,更易凝固变性;② 水分子的穿透力比空气大,更易均匀传递热能;③ 蒸汽有潜热存在,每 1 g 水由气态变成液态可释放出 529 卡热能,可迅速提高物体的温度。

图 2-6　湿热灭菌器

7. 分批灭菌和连续灭菌

（1）分批灭菌

将配制好的培养基同时放在发酵罐或其他装置中,通入蒸汽将培养基和所用设备一起进行加热灭菌的过程,也称为实罐灭菌。灭菌过程包括升温、保温和降温三个阶段,各阶段对灭菌的贡献分别为 20%、75% 和 5%。

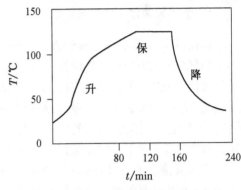

图 2-7　培养基间歇过程中的温度变化

（2）连续灭菌

高温短时间灭菌(High Temperature Short Time, HTST)理念虽然早已是业内的共识,但早年由于流程设计失当,以及相关设备及发酵罐的制造技术未能及时提升,曾延迟了它的推广应用。早期的流程设计实现了高温短时间灭菌的理念,但灭菌后的培养基在发酵罐外冷却然后进罐的流程,造成杂菌二次污染的机会。早期的连续灭菌流程如图 2-8、图 2-9 所示。

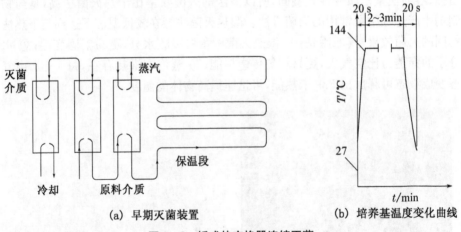

(a) 早期灭菌装置　　　　　　(b) 培养基温度变化曲线

图 2-8　板式热交换器连续灭菌

连续灭菌是指将培养基在发酵罐外通过连续灭菌装置进行加热、保温和冷却而进行的灭菌。连续灭菌时,培养基能在短时间内加热到保温温度,并能很快冷却。因此能够在比分批灭菌更高的温度下灭菌,且保温时间短,这样有利于减少营养物质的破坏,提高发酵产率。

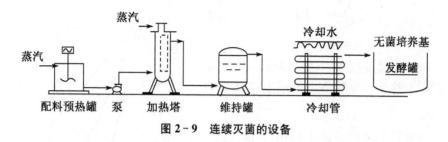

图 2 - 9　连续灭菌的设备

① 配料预热罐,将配制好的料液预热到 60～70 ℃,以免连续灭菌时由于料液与蒸汽温度相差过大而产生水汽撞击声;

② 加热塔(连消塔),用高温蒸汽使料液温度很快升高到灭菌温度(126～132 ℃);

③ 维持罐,使料液在灭菌温度下保持 5～7 min,因为加热塔加热时间很短,光靠这段时间的灭菌是不够的;

④ 冷却管,使料液冷却到 40～50 ℃后(冷却喷淋),输送到预先灭菌过的罐内。

培养基连续灭菌目前已成为国际大型发酵工厂的常规技术。以美国某大制药公司 200 m³ 发酵罐的培养基灭菌为例,其规程如下:培养基用蒸汽引射式加热器瞬时升温到 137～138 ℃,经过管式连续灭菌器连续灭菌 7～8 min,灭菌后的培养基直接进入发酵罐。发酵罐罐体表面装有用隔热层覆盖的半圆式或矩形截面蛇管。采用冷却剂将进入发酵罐的培养基瞬时冷却到发酵温度。发酵罐在进料前先用内部自动清洗器(CIP)洗涤,然后空罐用高压蒸汽灭菌 3 h,确保排除设备感染杂菌的可能性。

8. 微生物的热死灭动力学

(1) 热死灭动力学方程

微生物受热死亡的主要原因是高热能使蛋白质变性,这种反应可认为是单分子反应,死亡速率可视为一级反应,即与残存的微生物数量成正比:

$$-\frac{\mathrm{d}N}{\mathrm{d}t}=KN \qquad (2-1)$$

式中,N——任一时刻的活细菌浓度,个/L;

　t——时间,min;

　K——比热死速率常数,min^{-1}。

对式(2-1)积分,取边界条件 $t_0=0,N=N_0$,得

$$\ln \frac{N}{N_0} = -Kt \qquad (2-2)$$

或 $\qquad N = N_0 e^{-Kt} \qquad (2-3)$

维持灭菌温度 T 不变，经历不同的灭菌时间 t，检测相应的 N。采用半对数坐标作图：

在对数刻度的纵轴上标出 $\frac{N}{N_0}$ 值，在普通坐标的横轴上标出对应的灭菌时间 t，如图 2-10 所示。直线的斜率为 K。

K 除了取决于菌体的抗热性能，还明显地受灭菌温度 T 的影响。实验还证明，细菌孢子的热死灭动力学与营养体细胞有显著不同，如图 2-11 所示。对此现象，不

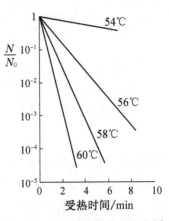

图 2-10 大肠杆菌营养细胞在缓冲液中的存活率与受热时间的关系

同学者提出了不同的解释，但无论如何，当温度超过 120 ℃时，热阻极强的嗜热脂肪芽胞杆菌孢子及营养体的热死灭动力学基本都符合以及反应动力学规律。

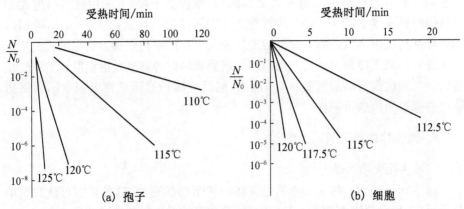

图 2-11 嗜热脂肪芽胞杆菌营养体及孢子的存活率与受热时间的关系

早年，U. Kan 提出了关于微生物对湿热灭菌的相对热阻的概念，典型发酵环境中几种微生物对湿热灭菌的相对热阻见表2-2。从表2-2可以看出，细菌孢子具有较大的相对热阻，而细菌的营养体、酵母及病毒和噬菌体的相对热阻均较小，且在同一数量级。

表 2-2　典型发酵环境中几种微生物对湿热灭菌的相对热阻

微生物类型	相对热阻
营养细胞和酵母	1.0
细菌孢子（芽孢杆菌属和梭菌属）	3×10^6
霉菌孢子	$2 \sim 10$
病毒与噬菌体	$1 \sim 5$

如以平均的相对热阻来表征不同类型微生物对热死灭的抵抗力，可以看出，对培养基进行热灭菌，必须以细菌孢子为杀死对象。

营养细胞易于受热死灭，表明其比热死速率常数 K 值很高，在 120 ℃灭菌，其 K 值可大至 10^{10} min^{-1} 数量级，而细菌孢子的 K 值在 120 ℃时只有 100 min^{-1} 数量级。K 除了取决于菌体的种类及其存在形式之外，还是热力学温度 T 的函数。因此 T 对 K 的影响是热灭菌工程设计中的核心问题之一。

（2）T 对 K 的影响

微生物的比热死速率常数 K 与灭菌热力学温度 T 的关系，实验表明可用 Arrhenius 方程来表征，即

$$K = A e^{-\frac{\Delta E}{RT}} \tag{2-4}$$

式中，A——频率因子，7.94×10^{38}，min^{-1}；

　　ΔE——活化能，J/mol；

　　R——通用气体常数，8.28 J/(mol·K)。

从式（2-4）可以看出：

（1）活化能 ΔE 的大小对 K 值有重大影响。其他条件相同时，ΔE 愈高，K 值愈低，热死速率愈慢。

（2）不同菌的孢子的热死灭反应 ΔE 可能各不相同，在相同 T 条件下灭菌，尚不能肯定 ΔE 值低的孢子的热死灭速率一定比 ΔE 值高的快，因为 K 值并不唯一地取决于 ΔE，还与 T 有关。

（3）对式（2-4）两边取自然对数，得

$$\ln K = -\frac{\Delta E}{RT} + \ln A \tag{2-5}$$

按图 2-10，在不同的 T 条件下做灭菌实验，求得相应的 K 值，再按单对数坐标法作图，从直线的斜率可以求出 ΔE。嗜热脂肪芽胞杆菌孢子的比热死速率常数 K 与热力学温度 T 的关系图见图 2-12。

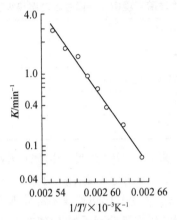

图 2 - 12　嗜热脂肪芽胞杆菌孢子的 K 与热力学温度 T 的关系

（4）K 是 ΔE 和 T 的函数。K 对 T 的变化率与 ΔE 有关。对式（2-5）两边取 T 的导数，得

$$\frac{\mathrm{d}\ln K}{\mathrm{d}T} = \frac{\Delta E}{RT^2} \qquad (2-6)$$

由式（2-6）得到的重要结论是：反应的 ΔE 愈高，$\ln K$ 对 T 的变化率愈大，亦即 T 的变化对 K 的影响愈大。

培养基灭菌既要杀死杂菌的孢子，又要保存其中的有效成分。试验表明，细菌孢子热死灭反应的 ΔE 很高，而待灭菌培养基中某些有效成分破坏反应的 ΔE 较低，如表 2-3 所示，因而将 T 迅速提高到较高的灭菌温度，可以加快细菌孢子的死灭速度，缩短高温下的灭菌时间。一些有效成分如 B 族维生素热破坏反应的 ΔE 很低，在较高的灭菌温度下虽能增加其热破坏速率，但由于灭菌时间的显著缩短，一般只有数分钟，其结果是有效成分的破坏量反而大为减少。

表 2 - 3　细菌孢子和 B 族维生素热破坏反应的 ΔE

受热物质	$\Delta E/(\mathrm{J/mol})$
维生素 B_{12}	96 232
维生素 B_1 盐酸盐	92 048
嗜热脂肪芽胞杆菌孢子	283 257
肉毒梭菌孢子	343 088
枯燥芽胞杆菌孢子	317 984

　　高温短时间灭菌既能快速地灭菌,又能有效地保存培养基中的一些有效成分,这是灭菌动力学所得出的最重要的结论。

　　例如,根据对嗜热脂肪芽孢杆菌孢子维生素 B_1 的热处理的资料,就不同的 T 求得前者的比热死率常数 K_{BS} 和后者的比破坏速率常数 K_{VB} ,嗜热脂肪芽胞杆菌孢子和维生素 B_1 的比热死速率常数与热力学温度关系见图 2-13。

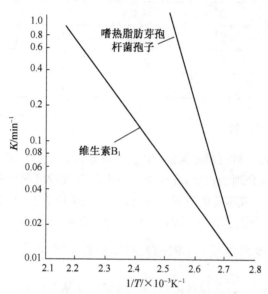

图 2-13 嗜热脂肪芽孢杆菌孢子和维生素 B_1 的比热死速率常数与热力学温度的关系

　　由图算出:
$$\Delta E_{BS} = 67\,000 \times 4.184 = 2.8 \times 10^5 \, (\text{J/mol})$$
$$\Delta E_{VB} = 22\,000 \times 4.184 = 9.2 \times 10^4 \, (\text{J/mol})$$

　　根据图 2-13,若把灭菌温度从 105 ℃ $\left(\dfrac{1}{T} = 2.64 \times 10^{-3} \, \text{K}^{-1}\right)$ 提高到 127 ℃ $\left(\dfrac{1}{T} = 2.5 \times 10^{-3} \, \text{K}^{-1}\right)$,则 K_{VB} 从 0.02 min^{-1} 增大到 0.06 min^{-1},K_{BS} 从 0.12 min^{-1} 增大到 40.0 min^{-1}。换言之,灭菌温度提高 22 ℃,嗜热脂肪芽孢杆菌孢子的比热死速率增大了 330 倍,而维生素 B_1 的比热破坏速率仅仅增大了 3 倍。

　　表 2-4 是将含有维生素 B_1 的培养基中的嗜热脂肪芽孢杆菌孢子杀灭至 $\dfrac{N}{N_0} = 10^{-16}$ 时,不同灭菌温度下灭菌所需要的灭菌时间和维生素 B_1 受热破坏的资料。

表 2-4　嗜热脂肪芽孢杆菌孢子死灭程度为$\dfrac{N}{N_0}=10^{-16}$时,灭菌温度对维生素 B_1 破坏的影响

灭菌温度/℃	灭菌时间/min	维生素 B_1 损失/%
100	843	99.99
110	75	89
120	7.6	27
130	0.851	10
140	0.107	3
150	0.105	1

9. 分批灭菌的设计

要求绝对的无菌是很难做到的,也是不必要的。工程实践中只要求使培养基中的杂菌减低到合理的程度,在此条件下发酵失败的可能性极小,经济上是合算的。对于周期长、成本高的发酵,常取灭菌后一罐培养基中残存的活菌孢子数 $N=10^{-3}$ 个,也就是说,灭菌 10^3 次,存活一个活菌孢子的机会为 1 次。

$\dfrac{N}{N_0}$ 是灭菌程度的指标。不同的发酵体系有不同的 $\dfrac{N}{N_0}$。在分批灭菌设计中,为计算方便,取 $\ln\dfrac{N_0}{N}$ 为设计的依据。例如培养基 $100\ m^3$,含菌 10^5 个/mL,要求灭菌后活菌数 N 为 10^{-3} 个。则,$\dfrac{N}{N_0}=\dfrac{10^{-3}}{100\times10^6\times10^5}=10^{-16}$,$\ln\dfrac{N_0}{N}=36.8$。

在发酵罐中进行实罐灭菌,是典型的分批灭菌,全过程包括升温、保温、降温三个阶段。三个阶段分别对孢子的死灭和培养基中有效成分的破坏做出大小不等的贡献。分批灭菌过程典型的升温、保温和降温图(常见的 $T\text{-}t$ 过程)见图 2-14。

$\ln\dfrac{N_0}{N}$ 是由三块积分面积 $\ln\dfrac{N_0}{N_1}$、$\ln\dfrac{N_1}{N_2}$、$\ln\dfrac{N_2}{N}$ 合成的。可以合理设计三块面积的大小,使其和等于 $\ln\dfrac{N_0}{N}$ 的预定值。然而分批灭菌的 $T\text{-}t$ 过程曲线不是任意给定的,它取决于加热的方式、换热面积的大小、传热系数的高低、换热介质的温度及培养基的重量等多种因素。要尽可能加快换热速率,以尽可能缩短升温和降温的时间。

培养基的传统灭菌采用批式实罐灭菌法,升温、保温、降温三个阶段的时间较长。其实升温和降温阶段对杀灭细菌孢子的贡献很小,相反,对其他不耐热的

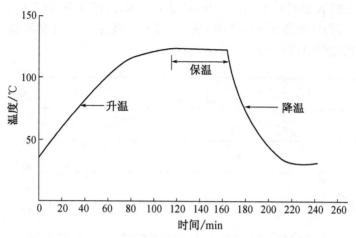

图 2-14　分批灭菌过程典型的升温、保温和降温图

有效营养物的破坏却很大。例如,发酵培养基 60 m^3,杂菌活孢子浓度 $10^5/mL$,要求灭菌后残存孢子数 $N=10^{-3}$ 个。设计的 T-t 过程如下,是否达到灭菌要求?($A=7.94\times10^{38}min^{-1}$,$\Delta E=287\ 441\ J/mol$,$R=8.28\ J/(mol \cdot K)$)

T/℃	30	50	90	100	110	120	120	110	100	90	60	44	30
T/min	0	10	30	36	43	50	55	58	63	70	102	120	140

解:由 $K=Ae^{\left(-\frac{\Delta E}{RT}\right)}$ 可得各个 K 值

根据题意,灭菌要求即为,$\ln\dfrac{N_0}{N}=\ln\dfrac{10^5\times10^6\times60}{10^{-3}}=36.3$。

	C2	▼	f_x	=7.94*POWER(10,38)*EXP(-(287441/(8.28*(A2+273))))							
	A	B	C	D	E	F	G	H	I	J
1	T	t	K							
2	30	0	1.38723E-11							
3	50	10	1.67154E-08							
4	90	30	0.002325714							
5	100	36	0.030202901							
6	110	43	0.343079822							
7	120	50	3.443772844							
8	120	55	3.443772844							
9	110	58	0.343079822							
10	100	63	0.030202901							
11	90	70	0.002325714							
12	60	102	4.21523E-07							
13	44	120	2.18599E-09							
14	30	140	1.38723E-11							
15										
16										

从得出的 K 值可以看出,在 100 ℃ 以下灭菌,对细菌孢子的杀灭几率几乎是无效的,因为从灭菌开始的前 35 min 和 63 min 以后,K 值几乎可以忽略不计。在整个灭菌过程中只有 30 min 是有效的。

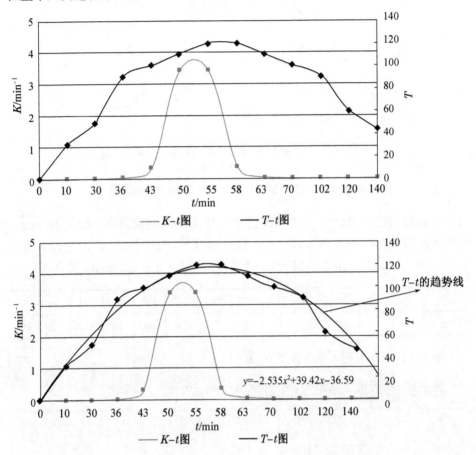

由图可得,T-t 的关系为,$T = 2.536\,7t^2 + 39.429t - 36.593$

因此,$\ln \dfrac{N_0}{N} = A \displaystyle\int_{t_1}^{t_2} \mathrm{e}^{\left(-\frac{AE}{RT}\right)} \mathrm{d}t = 7.94 \times 10^{38} \displaystyle\int_{36}^{63} \mathrm{e}^{\left(\frac{287\,441}{8.28 \times (-2.535\,7t^2 + 39.429t - 36.593)}\right)} \mathrm{d}t = 33.8$

故将有效时间,即 34 min 至 64 min 的图解积分值为 33.8,故,设计的 T-t 过程不能达到灭菌要求。

第二节　空气除菌

空气除了提供氧外,在无菌产品特别是无菌药物的生产过程中,经常需要用空气(或氮气等惰性气体)传送物料,这些气体同样必须是要通过无菌过滤机制的无菌气体。另外,在无菌产品生产系统中,也需要安装大量的无菌空气过滤器作为系统与外界的通气口和无菌界面。所有这些应用除了量小外,无菌要求与发酵罐无菌空气的要求一样。

1. 空气中的微生物

空气中悬浮着大量的微生物,它们附着在空气中的灰尘及颗粒或水珠上。这些微生物既包括霉菌、细菌、放线菌,也包括酵母、噬菌体等,其中以霉菌和细菌居多,酵母相对较少。灰尘的平均尺寸约为 $0.6~\mu m$。粗过滤器可以将颗粒比较大的微粒除去,$0.5\sim2.0~\mu m$ 的微粒及微生物由空气过滤器除去。微生物的大小从零点几微米到几微米甚至几十微米不等,其中,细菌的宽为 $0.3\sim1~\mu m$,长为 $1\sim10~\mu m$;支原体大小为 $0.1\sim0.2~\mu m$;病毒大小约为 $0.04~\mu m$;酵母大小为 $2\sim5~\mu m$。表 2-5 列出了空气中常见的细菌及孢子。

表 2-5　空气中细菌及细菌孢子的代表种类

种类	宽/μm	长/μm
产气气杆菌	1.0~1.5	1.0~2.5
蜡状芽孢杆菌	1.3~2.0	8.1~25.8
地衣芽孢杆菌	0.5~0.7	1.8~3.3
巨大芽孢杆菌	0.9~2.1	2.0~10.0
枯草芽孢杆菌	0.5~1.1	1.6~4.8
金黄小球菌	0.5~1.0	0.5~1.0
普通变性杆菌(孢子)	0.5~1.0	1.0~3.0

空气中微生物的数量在很大程度上因地区、季节和气候不同而异。一般城市空气中微生物的密度较高,农村和山区则较低,夏季比冬季多,特别是气候温和及潮湿的地区,空气中的微生物往往比较多;工厂附近又以主风向上游密度较低。因为颗粒沉降,在同一地区随着高度的升高,空气中的颗粒和微生物含量急

剧下降,一般来说,高度每升高 2.5 m,空气中的尘埃粒子含量下降一个数量级。所以对于空气过滤,高空取气就显得很重要。

2. 空气除菌方法

无菌空气是指自然界的空气通过除菌处理使其含菌量降低到一个极限百分数的净化空气。获得无菌空气的方法大致分为两类:一类是利用加热、化学药剂或射线等,使空气中微生物细胞的蛋白变性,以杀灭各种微生物;另一类是利用过滤介质及静电除尘捕集空气中的灰尘和各类颗粒,以除去空气中的各种微生物。生产上往往将二者结合在一起应用。下面具体介绍各种除菌方法。

(1) 加热灭菌

普通微生物在高温下很容易被杀死。虽然细菌孢子对温度有较高的耐受能力,但在较高的温度时也能致死。Aliba 等发现悬浮于空气中的普通细菌孢子在 218 ℃时 24 s 即可被杀死。早期 Stark 设计的空气除菌方法原理是利用空气被压缩时所产生的热来杀菌。为了保持压缩后的空气具有较高的温度,在压缩空气出口处包裹有保温层。单极绝缘压缩机在 0.3 MPa 的压力下运转且进入空气的温度为 20 ℃或 70 ℃时,压缩后空气的温度能达到 150 ℃或 220 ℃,这种灭菌方法被用于某些对外援微生物不是非常敏感的发酵,如丙酮、丁醇的发酵生产。但是,空气的传热效率很低,温度分布不均匀,有些耐热菌的孢子需要长时间的加热才能杀灭,所以用加热的方法不能够大量制造无菌空气。

(2) 辐射灭菌

Aliba 等发现波长范围在 226.5～328.7 nm 的紫外线对空气中微生物的杀菌效力最强。从理论上来说声波、高能阴极射线及 γ 射线都可用于空气灭菌;只要有足够长的时间,可以达到完全灭菌的目的,但在发酵工业中大规模应用则不经济。目前紫外线灭菌被广泛应用于无菌室、接种间、培养室和仓库等处的空气灭菌。但是,辐射灭菌仅仅是减少空气中的微生物,并不能完全除菌。无菌室中的无菌概念与提供给发酵罐的无菌空气是不一样的。

[60]Co 照射目前被广泛用于热敏性产品和物品的灭菌,例如各种无菌过滤器、无菌包装材料、无菌固体产品等,同时也包括这些物品的空气。

(3) 化学灭菌

常用的空气灭菌用化学药剂有苯酚、环氧乙烷、过氧化氢、重金属盐、新洁尔灭、甲醛溶液(福尔马林)和硫磺等。把杀菌剂溶于水中配成合适浓度,使空气在杀菌剂溶液中通过或喷洒于空气中以杀死空气中的微生物。但必须除去夹带杀菌剂的水汽和雾后才能应用于工业生产。目前化学灭菌被应用于无菌室、接种间和培养间的灭菌。同样必须指出,无菌室并非完全无菌,只是微生物含量被大大减少,它与用于发酵通气的无菌空气是两个概念。

（4）静电除尘

利用静电引力吸附带电粒子而达到除尘除菌的目的。悬浮于空气中的微生物,其孢子大多带有不同的电荷,没有带电荷的微粒进入高压电场时都会被电离变成带电微粒。但对于一些直径很小的微粒,它所带的电荷很小,当产生的引力等于或小于气流对微粒的拖带力或微粒的布朗运动的动量时,则微粒就不能被吸附而沉降,所以静电除尘对很小的微粒效率较低。

静电除尘的特点是,消耗能量小,每处理 $10\,000\,\mathrm{m^3}$ 的空气每小时耗电 $0.4\sim0.8\,\mathrm{kW}$;空气压力损失小,一般仅为 $(3\sim15)\times133.3\,\mathrm{Pa}$;但对设备维护和安全技术措施要求较高。采用静电除尘净化空气的优点是,阻力小,约 $1.013\times10^4\,\mathrm{Pa}$;染菌率低,平均低于 $10\%\sim15\%$;除水、除油的效果好;耗电少。但缺点是设备庞大,需要采用高压技术,且一次性投资较大。

（5）介质过滤

发酵工业真正用于发酵罐制备无菌空气的方法是采用介质过滤。使用的过滤介质多种多样,初期多采用棉花过滤器,后来棉花逐渐为玻璃纤维、不锈钢纤维、聚丙烯纤维等代替。而目前,在发酵工业上普遍采用的是膜过滤器。一个正确设计和制造的膜过滤器在正确使用的前提下,可以完全过滤掉空气中的微生物。

3. 空气过滤设计

从填充材质上分,发酵和生物制药工厂常用的空气过滤器有棉花纤维过滤器、超细玻璃纤维过滤器、石棉板过滤器、烧结金属板过滤器、尼龙纤维过滤器、陶瓷过滤器、聚丙烯过滤器。

（1）捕集效率

采用概率论分析捕集效率,基本假设有以下三点:

① 纤维填充的空气过滤器由多层介质组成,设每单位长度过滤介质具有 ξ 层网格。

② 微生物经过每一层玻璃纤维时,与玻璃纤维相碰的概率是 p。p 与流动状况、纤维直径之比有关。

③ 当微生物与纤维碰撞次数小于 m 时,仍能通过过滤器流出而返回空气中。

根据以上三点假设,可以得出以下两点结论:

① 滤层厚度越大,空气通过介质的时间越长,捕集效率也就越大。

② 纤维直径越小,捕集效率也越大。

（2）空气过滤器除菌机制

过滤介质的除菌效率取决于下述机制:① 直接截留（direct interveption by the fibers）;② 惯性冲击（inertial impaction）;③ 布朗运动或扩散拦截（brownian motion or diffusional interception）;④ 重力沉降（gravitational precipitation）;⑤ 静电吸引（electrostatic attraction）。

对于纤维过滤器,因为微粒直径约为 1 μm,故机制④可以排除不予考虑。有资料显示,枯草芽孢杆菌中约有 20％带正电,15％带负电,其余则呈中性。带有电荷的微生物由于静电吸引的作用比不带电荷的微生物更容易被阻截,但目前尚未有定量数据。下面只介绍前三种机制。

① 直接截留

细菌的质量小,紧随空气流的流线而前进,当空气流线中所夹带的微粒由于和纤维相接触而被捕集时称为直接截留。直接截留的过滤机制是指过滤介质起筛网的作用,机械截留颗粒。当颗粒的直径大于介质的孔径时,颗粒就被截留。直接截留与表面速度（superficial velocity）无关,截留效率完全取决于颗粒直径。

② 惯性冲击

由于气流中的颗粒有质量,具有惯性,当微粒以一定速率向纤维垂直运动时,空气受阻改变方向,绕过纤维前进,微粒因惯性作用不能及时改变方向,便冲向纤维表面并滞留下来。在较低流速范围内,冲击过滤效率随气流速率增加而降低;增至临界流速时,效率又随气流速率增加而提高;如果再上升超过某个值,效率又会显著下降。

③ 布朗运动或扩散拦截

微小的颗粒受空气分子碰撞发生布朗运动。颗粒与介质相碰而被捕集称为扩散。纤维直径越小,气流运动速率越小,扩散捕集效率越高;反之越低。

（3）对数穿透定律

设 N_1 为过滤前空气中的总颗粒数,N_2 为过滤后空气中的颗粒数,则穿透率为:$p = \dfrac{N_2}{N_1}$,除菌效率为:

$$\eta = \frac{N_1 - N_2}{N_1} = 1 - \frac{N_2}{N_1} = 1 - p \tag{2-7}$$

对数穿透定律假定空气过滤时其中的颗粒数随通过滤层厚度的增加而均匀递减。取滤层厚度中某一微长度 dL,在此长度中颗粒的减少数 dN 可表示为:

$$-dN = K'N dL \tag{2-8}$$

式中：N——空气中的颗粒数，个；

L——滤层厚度，cm；

K'——除菌常数，m^{-1}。

将式（2-8）积分，可得 $-\int_{N_1}^{N_2} \dfrac{dN}{N} = K' \int_0^L dL$

得出对数穿透率为：

$$\ln \frac{N_2}{N_1} = -K'L \text{ 或 } \lg \frac{N_2}{N_1} = -KL \tag{2-9}$$

K 值的大小与空气流速、纤维的填充密度和直径、空气中的颗粒大小等因素有关，可以通过计算求得，但一般是通过实验得到。

为了实验方便可用 η 为 90% 时的过滤厚度作为基准，即 $\eta = 1 - \left(\dfrac{N_2}{N_1}\right) = 0.9$

即 $\left(\dfrac{N_2}{N_1}\right) = 1 - 0.9 = 0.1$

代入式（2-9）得，

$$\lg \left(\frac{N_2}{N_1}\right)_{90} = \lg \frac{1}{10} = -1 = -KL_{90} \tag{2-10}$$

将上式（2-10）与式（2-9）相比得，$\dfrac{\lg \dfrac{N_2}{N_1}}{\lg \left(\dfrac{N_2}{N_1}\right)_{90}} = -\dfrac{-KL}{KL_{90}} = \dfrac{L}{L_{90}}$

即 $\qquad\qquad \lg \dfrac{N_2}{N_1} = -\dfrac{L}{L_{90}}$ 或 $\lg \dfrac{N_1}{N_2} = \dfrac{L}{L_{90}}$ \hfill (2-11)

与式（2-9）相比较，可知 $\dfrac{1}{L_{90}} = K$，即常数 K 为过滤效率为 90% 时得到的 L_{90} 的倒数。

4. 膜过滤器

正是由于 Arthur Humphrey 等人的单纤维过滤理论，发酵工业初期时，广泛采用纤维过滤器制备无菌空气。初期多采用棉花作为过滤介质，后来棉花逐渐被玻璃纤维、不锈钢纤维和聚丙烯纤维代替。但是无论哪种纤维，过滤效率都较低，所需空气过滤器都很大，且维修费用高。目前，传统的棉花过滤器、纤维过滤器等都已经被膜过滤器（membrane filter）取代。纤维过滤器仅仅被用于预过滤。膜过滤器安装简单，可以多次进行蒸汽灭菌，基本上能够达到 100% 过滤细菌等微生物的目的。所以目前无论国内还是国外的发酵工厂真正使用的空气过滤器基本上都是膜过滤器。

市场上供应的膜过滤器主要有预过滤器(颗粒污染级)和可蒸汽灭菌的无菌过滤器(细菌污染级)。用于空气除菌过程中的预过滤器主要是除去空气中的颗粒和尘埃以及液珠(水珠、油珠)。预过滤器安装在最后的可灭菌过滤器的上游,以保护可灭菌过滤器免受过早的堵塞,从而延长可灭菌过滤器的寿命。

(1) 预过滤器

在多数空气除菌的应用环境中,有必要使用预过滤器以除去空气中的颗粒物质和液滴(水滴、油滴),同时使用预过滤器也有利于保护可灭菌过滤器,从而大大增加空气无菌过滤的经济性。

① 除去颗粒的预过滤器

除去颗粒的预过滤器所用的材料有聚丙烯、多孔金属和纤维等,其额定值在 $1\sim100\ \mu m$ 之间。用于发酵企业空气过滤的预过滤器主要有以下三种:

多孔不锈钢膜组件　多孔不锈钢介质是通过烧结不锈钢或其他合金粉末形成一种多孔的金属过滤介质。多孔不锈钢预过滤组件既可以做成平板式的,也可以做成无缝圆柱式的。其膜孔大小可以控制在 $0.5\ \mu m$ 到几十微米。多孔不锈钢过滤介质具有对温度和腐蚀良好的抵抗性,组件可以用化学或机械的方法来清理,从而增加了再使用的经济性。同时,多孔不锈钢介质不但可以作为过滤介质,还可以作为发酵罐气体分布器。

折叠纤维素过滤器组件　应用于发酵罐或生物反应器入口空气的预过滤器的折叠纤维素过滤组件一般使用纯纤维素,其过滤孔径大小约为 $8\ \mu m$。纤维素组件由一个多孔的内支撑核、外支撑壳体和末端金属帽等硬件内加多皱褶的纤维素过滤介质组成。组件的径向缝隙处用聚丙烯密封。内核和外壳材料用聚乙烯制成。

折叠聚丙烯过滤器组件　折叠聚丙烯预过滤器常常作为发酵罐排气的预过滤器。其结构、过滤器孔径大小与折叠纤维素过滤器组件很类似,只是所用材料不同。

② 除去液体雾滴的预过滤器

膜过滤器能够正常工作是建立在所过滤的空气是干燥的前提下。然而,在空气中常常含有水或油的液体雾滴,由于目前用于无菌过滤的膜都为疏水膜,如果有液体附着在膜上会影响膜的通量;如果液体量大,甚至可以影响无菌膜的无菌性。所以,在空气过滤系统上都要有除湿装置。利用凝结过滤器除去这些液体雾滴是现行方法之一。高效的凝结过滤器可以有效地分离液态气悬体中的液体和气体,其过程涉及的三个基本步骤是:截留液态雾滴,排出液体,分离液体和气体。细小的液体雾滴(0.1 到 300 μm)通过凝结过滤器后可以形成 1～2 mm 液滴而被除去。液体凝聚过滤器工作原理见图 2-15,简单气液凝聚器结构见图 2-16。

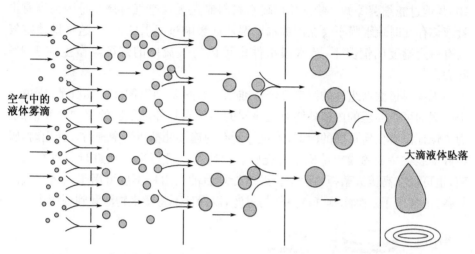

图 2-15　液体凝聚过滤器工作原理(小颗粒液体雾滴凝聚成大颗粒液滴)

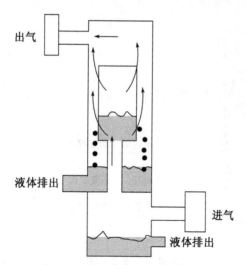

图 2-16　简单气液凝聚器结构

(2) 可灭菌的无菌膜过滤器

目前用于发酵罐和生物反应器进口无菌空气制备的膜过滤器的膜片通常由

多孔的疏水有机材料制成,最常用的是聚偏氟乙烯(polyvinylidienefluoride, PVDF)和聚四氟乙烯(polytetrafluoroethylene,PTFE)。无菌膜过滤器主要指膜孔为 0.22 μm 以下的膜过滤器。膜过滤器能够 100%地过滤细菌等微生物是建立在膜过滤器保持干燥的状态下,如果被水浸湿,膜过滤器不再保证能够 100%地过滤细菌等微生物。使用疏水材料制造无菌空气过滤膜是因为当有少量液体存在时疏水膜不会立刻被水浸湿从而影响过滤器的效率,这样即使空气具有一定湿度的情况下,疏水膜组件也可以将气流中的细菌等微生物 100%除去。

无菌膜过滤器组件的制造已经标准化。如图 2-17、图 2-18 所示,它由一个坚固的可抗高压的内核外绕有支撑层的多层膜片外加坚固的保护外壳组成。为了保证没有任何可能的泄漏,膜组件所有的连接处都要熔融密封。使用时,膜组件安装在特定的膜组件机架外壳中。这些膜组件可以多次进行蒸汽在线灭菌,也可以在高压灭菌柜中灭菌。灭菌处理后的膜组件不但可用于无菌空气的制备,也常用于发酵罐排气口空气的过滤,以保证不将微生物泄漏到环境中。

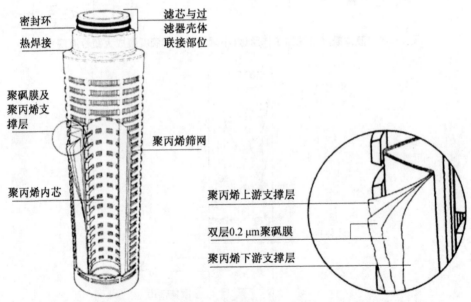

图 2-17　装有聚砜膜的折叠筒式滤芯　　图 2-18　聚砜膜及聚丙烯支撑层局部放大

市场上现有的膜过滤器有不同的形状和尺寸,应用于制药工业空气除菌的最普通的为 0.254 m 膜元件,这些膜元件可以用火焰焊接成首尾相连的多重膜原件(一般可达到约 1 m)。疏水膜过滤器组件可以经受多个灭菌循环,并且需要设计在两个方向上都能够进行蒸汽灭菌或在灭菌过程中进行重复灭菌。上述膜组件一般可以抵抗在位多次蒸汽灭菌(如在高达 142 ℃条件下至少 165 h 的累计灭菌时间),可以耐受在位蒸汽灭菌 30 min 以上(125 ℃)。由于膜是疏水的,所以灭菌后不需要额外的干燥时间,但需要排出膜进口处的凝结物。

5. 空气除菌典型流程

图 2-19 为常见的空气除菌流程,主要包括空气预处理、压缩和冷却、除油除水、空气加热和最终的空气过滤。比较理想的空气除菌流程具有以下特点:

① 高空采风:吸气进口风管应设置在工厂的上风向,高度在 20～30 m 处,以减少吸入空气的微生物含量。

② 装设前过滤器:在压缩机前安装有效前置过滤器,以保护空气压缩机并减轻总过滤器的负担。

③ 尽量选用无油润滑压缩机,以减少压缩后空气的细雾污染。

④ 压缩机后采用冷却型的空气贮罐,可降低压缩后空气的温度,同时除去部分润滑油。

⑤ 采用冷却-旋风分离器,使油水分离较完全。

⑥ 采用除雾器,以除去空气中的雾滴。

⑦ 用蒸汽加热器将空气加热至 50 ℃,使空气的相对湿度低于 60%,再进入总过滤器,保证总过滤器维持干燥状态。

⑧ 空气经总过滤器除去大部分尘埃、颗粒和微生物后,进入每一个发酵罐上的分过滤器。分过滤器是由预过滤器和无菌膜过滤器组成。通过分过滤器后再进入发酵罐。这样空气的除菌程度可以达到 99.999 9%以上。

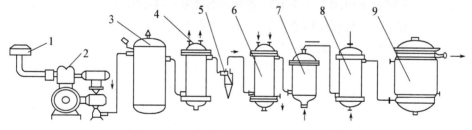

图 2-19 两级冷却、分离、加热的空气流程

1—粗过滤器 2—压缩机 3—贮罐 4,6—冷却器 5—旋风分离器

7—丝网分离器 8—加热器 9—过滤器

⑨ 空气除菌设备从总过滤器起均能采用蒸汽彻底灭菌,并且能够分段保压和灭菌,这样不需要经常用蒸汽对过滤器或整个空气过滤系统进行灭菌。

⑩ 空气过滤系统能够定期排油、排水,能检测各阶段的空气温度以及净化程度,并且能够防止冷凝水倒流入总过滤器。

典型的理想空气除菌流程如图 2-20 所示。

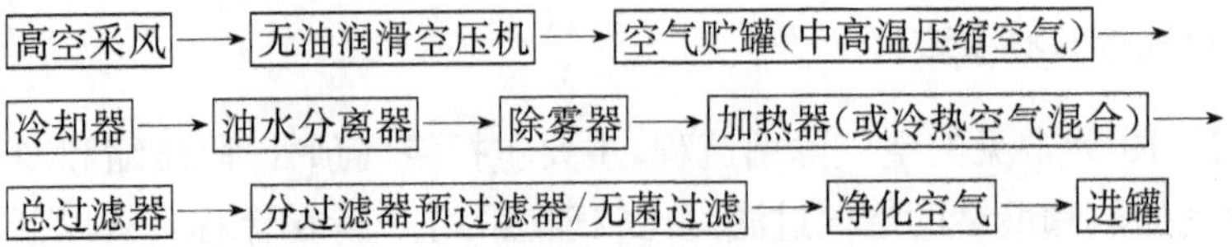

高空采风 ⟶ 无油润滑空压机 ⟶ 空气贮罐(中高温压缩空气) ⟶

冷却器 ⟶ 油水分离器 ⟶ 除雾器 ⟶ 加热器(或冷热空气混合) ⟶

总过滤器 ⟶ 分过滤器预过滤器/无菌过滤 ⟶ 净化空气 ⟶ 进罐

图 2-20 典型的理想空气除菌流程

本章小结

防治染菌是生物技术产业化过程中的一个至关点。绝大多数发酵过程都需要在无杂菌条件下进行。理解培养基灭菌的不同方式及其设计的原理,使之既能达到所需的无菌程度,又能保证培养基中有效成分的破坏在允许的范围之内,从而能够更好地提高发酵效率。

防治染菌的另一方面是制备无菌空气,获得大量的无菌空气供需氧发酵是生物反应工程中极为重要的课题。在发酵过程中使用的空气必须是干净无菌、干燥,其相对湿度应小于 60%,而这些也就是无菌空气制备流程的要求及标准。

思考题

1. 分别比较灭菌、消毒、防腐的概念。

2. 在常压灭菌(100 ℃)条件下,如何设计实验消除孢子?

3. 发酵工业中为何应用最广的是湿热灭菌?

4. 简述理想空气过滤除菌的流程。

第三章　均相酶催化反应动力学

酶催化反应动力学是研究酶催化反应速率以及影响该速率的各种因素的学科。酶催化底物的反应,是分子水平上的反应。它所描述的反应速率与反应物系的基本关系,反映了酶催化反应的本征动力学关系,本章所建立的反应动力学方程主要是根据酶催化反应机理而建立的。酶催化反应动力学不仅为细胞反应动力学和固定化生物催化剂反应过程动力学的建立提供了依据,也为酶催化反应过程的设计和操作提供了重要的理论基础。

第一节　酶催化反应的基本特征

动画:生物柴油

酶是生物为提高其生化反应效率而产生的催化剂,酶的蛋白质属性普遍被人们接受,少数酶同时含有少量的糖和脂肪。20世纪80年代,研究人员发现了有催化功能的RNA,并称之为核酶,核酶是唯一的非蛋白酶,能够催化RNA分子中的磷酸酯键的水解及其逆反应。在生物体内,所有的反应均在酶的催化作用下完成,几乎所有生物的生理现象都与酶的作用紧密联系,目前已知的酶有3 000余种。国际生物化学与分子生物学联盟(The International Union of Biochemistry and Molecular Biology, IUBMB)酶学委员会(Enzyme Committee, EC)根据催化反应的类型,将酶分为6大类:氧化还原酶、转移酶、水解酶、裂合酶、异构酶和合成酶。

1. 酶催化反应的特性

与化学催化剂相比较,酶作为生物催化剂具有以下几个鲜明的特征。

(1)高效性:酶的催化效率比化学催化剂高 $10^7 \sim 10^{13}$ 倍,比非催化反应高 $10^8 \sim 10^{20}$ 倍。例如,过氧化氢分解反应,($2H_2O_2 \longrightarrow 2H_2O + O_2 \uparrow$)用 Fe^{3+} 催化,效率为 6×10^{-4} mol $\cdot$ mol$^{-1} \cdot$ s^{-1},而用过氧化氢酶催化,效率为 6×10^6 mol $\cdot$ mol$^{-1} \cdot$ s^{-1}。

(2)专一性:由于酶蛋白具有的特殊的立体结构,使得酶只能对特定的一种或一类底物起作用。根据作用底物的不同,酶的专一性分为绝对专一性、相对专一性和立体异构特异性:① 绝对专一性是指一种酶只作用于一种底物,催化特定的反应,如脲酶只能催化尿素生成氨和二氧化碳,而不能催化甲基尿素的水解。② 相对专一性是指酶对结构相近的一类底物都有作用,也可细分为键专一性和基团专一性。基团(group)专一性,如 β-葡萄糖苷酶,催化由 β-葡萄糖所构成的糖苷水解,但对于糖苷的另一端没有严格要求。键(bond)专一性的例子如酯酶催化酯的水解,对于酯两端的基团没有严格的要求。③ 立体异构特异性是指酶对底物的立体构型有特异要求,它只对底物的某一种构型起作用,而不催化其他异构体,可以细分为光学专一性和几何专一性。例如 L-乳酸脱氢酶的底物只能催化 L-乳酸,而不能以 D-乳酸为底物。酶的立体构型特异性表明,酶与底物的结合至少存在 3 个结合位点。

（3）反应条件温和:酶促反应一般在常温、常压、中性 pH 条件下进行,酶反应条件温和但不稳定,剧烈条件如强酸、强碱、有机溶剂、重金属盐、高温、紫外线、剧烈震荡等任何使蛋白质变性的理化因素都可能使酶变性而丧失其催化活性。

（4）酶的催化活性可调节控制:如抑制剂调节、共价修饰调节、反馈调节、酶原激活及激素控制等。还有些酶催化活性与辅酶、辅基及金属离子有关。

作为生物催化剂,虽然酶具有以上的特殊性质,但酶在生产过程中存在提取工艺繁琐,成本昂贵,且大多在水溶液中进行反应等限制因素,制约了酶的工业化应用。

2. 酶的作用体现为可降低反应活化能

在任何化学反应中,反应物分子必须超过一定的能级,成为活化的状态,才能发生变化,形成产物。这种促使低能分子达到活化状态的能量,称为活化能。催化剂的作用主要是降低反应所需的活化能,以致相同的能量能够使更多的分子活化,从而加速反应的进行。酶作为生物催化剂的作用同样是降低反应的活化能,加快生化反应的速率,但它不改变反应的方向和平衡关系,即它不能改变反应的平衡常数,而只能加快反应达到平衡的速率。酶在反应过程中,其立体结构和离子价态可以发生某种变化,但在反应结束时,一般酶本身不消耗,并恢复到原来状态。由于酶可以显著降低活化能,故表现出很高的催化效率（图 3-1）。例如,过氧化氢酶催化过氧化氢的分解,可将无催化剂时的反应活化能从 $75.31 \text{ kJ} \cdot \text{mol}^{-1}$ 降低为 $8.37 \text{ kJ} \cdot \text{mol}^{-1}$。

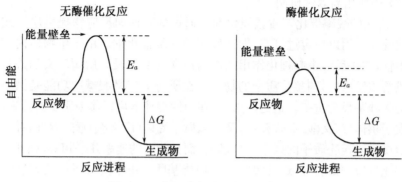

图 3-1 酶促反应过程中能量的变化

3. 酶与底物的作用机制

（1）酶作用专一性机制

一种酶只能催化某一特定的物质发生反应，即一种酶只能同某一特定的底物相结合。对这种酶与底物相结合的选择特异性机制，先后提出了锁钥学说和诱导契合学说。

锁钥学说认为，酶和底物必定存在着互补的结构特征，只有符合这种特征要求的物质才是底物，才能和酶结合并被酶所催化转化。酶和底物的这种专一关系类似于钥匙插入它的锁中。锁钥学说的前提是酶分子具有确定的结构与构象，并具有一定的刚性。

诱导契合学说认为，酶分子具有一定的柔顺性，底物与酶的结合是在酶的活性部位被诱导出构象变化时才能相互结合。当酶的构象发生变化，催化基团转入有效的作用位置，酶与底物才完全契合，酶才能高速地催化反应。该学说较好地解释了所谓的"无效"结合，因为此种物质不能诱导催化部位的形成。

上述两种学说的示意图表示在图 3-2 中。

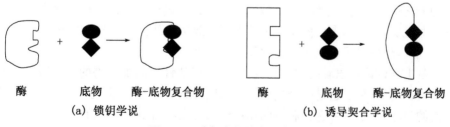

| 酶 | 底物 | 酶-底物复合物 | | 酶 | 底物 | 酶-底物复合物 |

（a）锁钥学说　　　　　　　　　　　（b）诱导契合学说

图 3-2 酶与底物结合示意图

(2) 酶作用高效性机制

① 广义的酸碱催化　酸碱催化剂是通过瞬时地向反应物提供质子或从反应物接受质子用以稳定过渡态、加速反应的一类催化剂。由于生物体内酸碱度偏于中性，在酶反应中起催化作用的应为广义的酸与碱。所谓广义的酸与碱系指能供给质子(H^+)与接受质子的物质。在所有的广义酸碱的功能基团中以组氨酸的咪唑基最为重要。这是因为：它在中性溶液下可以作为质子的传递体，既可以质子供体(广义酸)形式存在，又可以质子受体(广义碱)形式存在；并且咪唑基供给质子或接受质子的速率十分迅速，而且两者的速率几乎相等，因此咪唑基是酶催化反应中最有效、最活泼的一个功能基团。由于酶分子中的氨基酸侧链具有质子供体和受体的功能，所以酸碱催化在酶分子中起重要作用的推测可视为是合理的，不少研究结果也证实了这一点。

② 共价催化　共价催化又称亲核或亲电子催化。在催化时，亲核催化剂或亲电子催化剂分别放出电子或汲取电子并作用于底物的缺电子中心或负电子中心，迅速形成不稳定的共价中间配合物，降低反应的活化能，以达到加速反应的目的。参与共价催化的主要是酶分子中组氨酸咪唑基、天冬氨酸中的羧基以及丝氨酸的羟基等。

③ 邻近及定向效应　当底物分子进入酶的活性中心，除因其浓度增高会使反应速率加快外，还存在特殊的邻近效应及定向效应。邻近效应系指底物的反应基团与酶的催化基团愈靠近，其反应速率愈快；定向效应则指底物与酶既靠近又定向，这就要求底物必须为酶的最适宜底物，此时酶与底物的结合达到最有利形成过渡态而使反应加速。

④ 扭曲变形和构象变化效应　当酶与底物专一性结合后，酶可使底物分子中的敏感键发生变形或扭曲，从而使其更易破裂，并使底物的几何和静电结构更接近于过渡态，进而降低了反应的活化能，使反应速率大为增加。

⑤ 多元催化与协同效应　酶分子是一个拥有多种不同侧链基团组成活性中心的大分子，这些基团在催化过程中可根据各自的特点发挥不同的作用，但是酶的催化作用则是一个综合的结果，是通过这些侧链基团的协同作用共同完成的。而且实验证明，多元催化与协同作用的效果远胜于单一催化的效果。

此外，还提出了金属离子和微环境效应等。

从上述讨论可以看出：酶与底物结合形成活性中间配合物的过程既是一个专一性识别的过程，也是一个变分子间反应为分子内反应、实现酶发挥各种催化功能的过程，通过这种选择和协同作用使酶反应能高度专一和高效加速。

第二节　简单的酶催化反应动力学

　　均相酶反应动力学是作为解析酶反应机理的一种代表手段而产生的。即与一般化学反应动力学相同,对影响反应速率的各种因素,及其影响的方式进行研究,静态或动态地解析基元反应过程,以得到反应机理。以此为目的的酶反应动力学的解析,精密详细程度在逐年进步。近年,高效液相反应测定技术的贡献所占比重增大。

　　可是,对于从事酶应用的工程技术人员来说,如果能够详细解析反应机理或者基元反应过程,是非常有益的。酶工程师、技术人员着眼于总反应速率,定量地分析诸影响因子,得到尽量可信的总反应速率式,此反应式就可用于合理的反应器设计、最佳反应操作条件的确定。因此,以解析反应机理为目的的酶反应动力学和以反应操作设计为目的的酶反应动力学的方法有一定差异。这种情况对应于一般的化学反应动力学和工业反应动力学、反应工程之间的差异。

　　以解析反应机理为目的的酶反应动力学中,除去使条件变复杂的大量因素,通常取反应刚开始之后的反应速率,即初速度(initial rate),时间设定为数分钟到数小时。而对以开发酶催化过程为目的的酶反应动力学来说,这样短的时间是不成问题的。不仅仅是对初速率的解析,高浓度范围及反应速率高的部分甚至包含副反应在内详细且广泛的反应速率解析也是必要的。而且,由于不可避免热失活,失活动力学与酶反应动力学一向是同等重要的。

1. 影响均相酶反应速率的因素

　　在阐述具体的反应速率式之前,需要先从整体上知道影响均相体系酶反应速率的各个因素。这些因素总结在表3-1中。其中最基本的是浓度因素,从有关浓度因素的实验中求出的速率常数,由外部因素和内部因素两种因素决定,这就是均相体系酶反应动力学的本质。对于生物反应工程一般不考虑内部因素(结构因素)。

表 3-1 影响酶反应速率的因素

影响速率因素		从其研究可获得的信息	摘要
分类	主要因素		
浓度因素	酶浓度、底物浓度、产物浓度、效应物浓度	反应机理、反应速率常数（速率参数）	反应机理和速率式
外部因素（反应环境）	温度	标准热力学量及活化热力学量；速率参数的物理意义等	热力学及绝对反应速率论的基本原理的应用
	pH	对反应有贡献的活性解离 pK 值及解离热（温度对 pK 值的效果）；解离基团的种类及其作用	含[H^+]速率式的解析
	离子强度	盐类浓度的影响	
	压力	标准体积变化和活化体积	应用热力学及绝对反应动力学的基本原则
	溶剂介电常数	随着反应产生的静电变化（电荷分布状态的变化等）	应用热力学及绝对反应动力学的基本原则、经典理论
内部因素（结构因素）	底物或效应物的结构	底物、效应物和酶相结合的性质；酶活性的结构等	分子结构和亲和力之间关系的系统性研究
	酶的结构	酶的催化活性以及同底物结合，必要的氨基酸残基；活性必须的立体结构等	化学修饰，高级结构修饰

2. 单底物反应

将只有一种底物的不可逆反应作为最简单的情形。水解反应或异构化反应可归属于此类反应。这里，尽管有水参与，但因为在通常的条件下水是大量过剩的，所以可将水的浓度看作定值，这样就可以从反应速率式中除去。单底物反应动力学是较复杂动力学的出发点，所以很重要。

（1）方程的建立

对单底物酶催化反应：$S \xrightarrow{E} P$

得到大量实验结果支持的催化反应机理是 Henri 提出的活性中间复合物学说。该学说认为：酶催化反应至少包括两步，首先是底物 S 和酶 E 相结合形成中间复合物[ES]，然后复合物分解生成产物 P，并释放出酶 E。

表示为：$E + S \underset{k_{-1}}{\overset{k_{+1}}{\rightleftharpoons}} [ES] \overset{k_{+2}}{\longrightarrow} E + P$

式中 k_{+1}，k_{-1}，k_{+2}——相应各步的反应速率常数。

进行其动力学方程推倒时，是建立在下述三个假设基础之上的。

① 反应过程中，酶的总浓度保持不变，即：$[E_0] = [E] + [ES]$。这表明在反应过程中酶是稳定的。

② 与底物浓度相比，酶的浓度很小，即：$[S_0] \gg [E_0]$。据此可忽略生成中间复合物[ES]所消耗的底物。

③ 产物的浓度较低，产物的抑制作用可以忽略而无需考虑 $P + E \longrightarrow ES$ 这个逆反应的存在。换言之，据此假设所确定的反应速率为其反应的初始速率。

在上述假设基础上，先后提出了平衡模型和稳态模型。

a. **快速平衡模型**。Henri 和 Michaelis-Menten 于 1913 年提出的平衡模型认为：生成中间复合物的反应速率很快且处于平衡状态；生成产物的速率很慢且决定整个酶催化反应速率，生成产物的步骤为速率控制步骤。

据此，对液相单底物酶催化反应的速率可表示为：

$$v_{\max} = k_{+2} \cdot [E_0] \tag{3-1}$$

式中[ES]——中间复合物 ES 的浓度，它为一难以直接测定的未知量，故不能用它表示最终的速率方程。

根据平衡模型假设：　　　$k_{+1}[E][S] = k_{-1}[ES]$ $\tag{3-2}$

则：　　　$$[E] = \frac{k_{-1}}{k_{+1}} \frac{[ES]}{[S]} = K_S \frac{[ES]}{[S]} \tag{3-3}$$

又因为：　　　$$[E_0] = [E] + [ES] = [ES]\left(1 + \frac{K_S}{[S]}\right) \tag{3-4}$$

所以　　　$$[ES] = \frac{[E_0] \cdot [S]}{K_S + [S]} \tag{3-5}$$

将式(3-5)代入式(3-1)中，则

$$v_P = \frac{k_{+2} \cdot [E_0] \cdot [S]}{K_S + [S]} = \frac{v_{\max} \cdot [S]}{K_S + [S]} \tag{3-6}$$

式中，K_S——平衡解离常数，$mol \cdot L^{-1}$；

$v_{\max}$——最大初始反应速率，$mol \cdot L^{-1} \cdot s^{-1}$。

式(3-6)即为早期的 Michaelies-Menten 方程，简称 M-M 方程或米氏方程。

平衡模型的假设有一定的合理性。因为酶与底物生成中间复合物的结合力是很弱的，其解离速率较快；而复合物生成产物则需要有化学键的生成和断开，其速率则要慢得多。但是,当中间复合物生成产物的速率与其分解为酶与底物的速率相差不大时,平衡模型的假设则难以成立。

b. **稳态模型**。Briggs 和 Haldane 于 1925 年提出的稳态模型认为:中间复合物的浓度随时间的变化很小,即存在 $\dfrac{\mathrm{d}[ES]}{\mathrm{d}t} \approx 0$

根据该假设,则有

$$\frac{\mathrm{d}[ES]}{\mathrm{d}t} = k_{+1} \cdot [E] \cdot [S] - k_{-1} \cdot [ES] - k_{+2} \cdot [ES] \approx 0 \qquad (3-7)$$

根据式(3-7),有
$$[ES] = \frac{[E_0] \cdot [S]}{K_m + [S]} \qquad (3-8)$$

将式(3-8)代入式(3-1)中,得到 $v_P = \dfrac{v_{\max} \cdot [S]}{K_m + [S]}$ $\qquad (3-9)$

式中 K_m——米氏常数,$\mathrm{mol \cdot L^{-1}}$。

K_m 与 K_s 的关系为: $\qquad K_m = \dfrac{k_{-1} + k_{+2}}{k_{+1}} = K_S + \dfrac{k_{+2}}{k_{+1}} \qquad (3-10)$

稳态模型的假设也得到了实验的证实。图 3-3 表示了某典型酶与底物形成复合物的时间进程。从图中可以看出,与 $[S]$ 和 $[P]$ 相比较,$[ES]$ 随时间的变化很小,可视为零。这表明,稳态模型的假设是合理而有根据的。

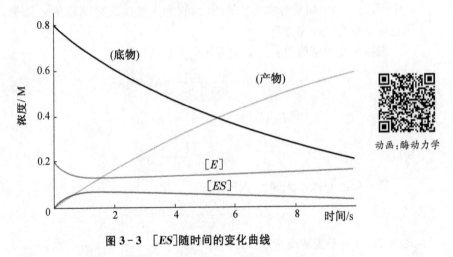

图 3-3 $[ES]$随时间的变化曲线

由于式(3-9)更具有普遍性,以后均以该式代表 M-M 方程。M-M 方程中有两个动力学参数,即 $v_{\max}$ 和 K_m。

$v_{\max}$ 可表示为: $\qquad\qquad v_{\max} = k_{+2} \cdot [E_0] \qquad (3-11)$

$v_{\max}$ 表示了全部酶都呈复合物状态时的反应速率,所以称为最大初始反应速率。假设每个酶分子只有一个与底物结合的活性中心,则 k_{+2} 表示了单位时间内一个酶分子所能催化底物反应的分子数,它表示了酶催化反应能力的大小。不同的酶反应,其值不同。则 k_{+2} 又称之为表观一级反应速率常数,量纲为 s^{-1}。

实际应用时,由于要精确知道所使用的酶的纯度和其分子量是很困难的,故常将 k_{+2} 和 $[E_0]$ 合并为一个参数,即 v_{max}。

K_m 是酶的特征常数,它只与酶的性质有关而与酶的浓度无关。它表达了酶催化反应的性质、反应条件和反应速率之间的关系。酶不同,K_m 值亦不同。各种酶的 K_m 值一般在 $10^{-6} \sim 10^{-2} \ mol \cdot L^{-1}$ 数量级范围内。

K_m 值反映了酶同底物亲和力的大小。当 K_m 值大时,复合物 ES 的结合力弱,易解离,表示酶对底物的亲和力小;当 K_m 值小时,复合物 ES 的结合力强、不易解离,表示酶对底物的亲和力大。所以 K_m 又称为表观解离常数。

通过测定 K_m 值可以判断酶的最适底物,即 K_m 值最小者为其最适底物。同样,K_m 也能帮助人们了解酶的底物在体内可能具有的浓度水平。一般来说,作为酶的天然底物,在体内的浓度水平应该接近于它的 K_m 值。

单底物不可逆反应的速率式均可由 Michaelis-Menten 的快速平衡法和 Briggs-Haldane 的稳态法导出。后者比前者更接近真实的机理,虽然是较为先进的解析法,但前者比后者简单。因此,复杂的酶反应,快速平衡法有时也适用。快速平衡法和稳态法总结于表 3-2。对任何酶反应,首先记作 I(1),然后 I(2)接着用 II 和 III 的顺序标注速率式。

表 3-2　快速平衡法和稳态法的比较

	快速平衡法(Michaelis-Menten)	稳态法(Briggs-Haldane)
I. 假设	(1) 酶 E 和底物 S 形成不稳定的复合物 ES,酶反应经过此中间物而发生 $$E+S \underset{k_{-1}}{\overset{k_{+1}}{\rightleftharpoons}} [ES] \overset{k_{+2}}{\longrightarrow} E+P$$ (2) ES 复合体,反应开始后很快与 E、S 达到动态平衡 $\dfrac{k_{-1}}{k_{+1}}=K_S \quad \dfrac{k_{-1}}{k_{+1}}=K_S$　　　　（I-1） (3) 底物浓度在整个反应过程中几乎不变。就是说,批式反应中可以考虑反应刚开始后的反应速率(初速率的概念)	(1) 酶 E 和底物 S 形成不稳定的复合物,酶反应经过此中间物而发生 $E+S$ $$\underset{k_{-1}}{\overset{k_{+1}}{\rightleftharpoons}} [ES] \overset{k_{+2}}{\longrightarrow} E+P$$ (2) ES 复合物反应开始后立刻达到稳态,因此其生成速率与分解速率相等,$[ES]$ 随反应时间不变。 $$\dfrac{d[ES]}{dt}=k_{+1} \cdot [E] \cdot [S]-k_{-1} \cdot [ES] -k_{+2} \cdot [ES] \approx 0 \quad (I-1')$$ (3) 底物浓度在整个反应过程中几乎不变。就是说,批式反应中可以考虑反应刚开始后的反应速率(初速率的概念)

（续表）

	快速平衡法（Michaelis-Menten）	稳态法（Briggs-Haldane）
Ⅱ. 酶量守恒	酶总浓度$[E_0]$是游离酶浓度$[E]$和$[ES]$复合物之和，即 $$[E_0]=[E]+[ES] \qquad （Ⅱ-2）$$	
Ⅲ. 生成物的生成速率	生成物的生成速率 $\qquad r_P=k_{+2} \cdot [ES] \qquad （Ⅲ-3）$	
Ⅳ. 动力学方程	根据式（Ⅰ-1），式（Ⅱ-2），式（Ⅱ-3），则 $$v_P=\frac{k_{+2} \cdot [E_0] \cdot [S]}{K_S+[S]}$$ $$=\frac{v_{\max} \cdot [S]}{K_S+[S]} \qquad （Ⅳ-6）$$	根据式（Ⅰ-1'），式（Ⅱ-2），式（Ⅲ-3），则 $$v_P=\frac{v_{\max} \cdot [S]}{K_m+[S]} \qquad （Ⅳ-9）$$
Ⅴ. K_s，K_m 的含义	$K_S=\dfrac{k_{-1}}{k_{+1}} K_S=\dfrac{k_{-1}}{k_{+1}}$	$K_m=\dfrac{k_{-1}+k_{+2}}{k_{+1}}=K_S+\dfrac{k_{+2}}{k_{+1}}$

式（Ⅳ-6）和式（Ⅳ-9）的形式完全一样，但是分母中常数含义不同。许多酶反应中，$k_{+2} \ll k_{-1}$，因此 $K_m \approx K_s$。

3. 方程的特征

酶和底物是构成酶催化反应系统的最基本因素。它们决定了酶催化反应的基本性质，其他各种因素必须通过它们才能产生影响。因此酶与底物的动力学关系是整个反应动力学的基础。

（1）反应速率与酶浓度的关系　与其他催化反应相同，酶催化反应的速率与酶浓度成正比。图3-4表示了在过量底物存在时，增加酶量与反应速率的关系。

（2）反应速率与底物浓度的关系　底物浓度对酶催化反应速率的影响为非线性，其关系较为复杂，当底物浓度较低时，反应速率则随底物浓度的提高而增加；当底物浓度较高时，反应速率则随底物浓度

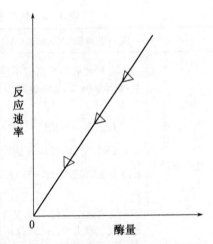

图3-4　过量底物存在时，增加酶量与反应速率的关系

的提高而趋于恒定。

在某一$[E_0]$值下，M-M方程所描述的反应速率与底物浓度的关系曲线，如图 3-5 所示。

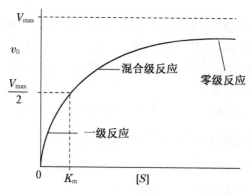

图 3-5　M-M方程描述的 v_S-$[S]$关系

从图 3-5 可以看出，M-M方程是以 v_{max} 为渐近线的双曲线方程。在 $v_{max}\sim[S]$关系曲线上，表示了三个具有不同动力学特点的区域。

① $[S]\ll K_m$，该曲线近似一直线。这表示反应速率与底物浓度近似为正比关系，可视为一级反应：

$$v_s = \frac{v_{max}}{K_m}\cdot[S] \tag{3-12}$$

当$[S]\ll K_m$，则大多数酶以游离态存在，即$[ES]$很低。通过提高$[S]$值，进而提高$[ES]$，才能加快反应速率。

② $[S]\gg K_m$，该曲线近似为一水平线。这表示当底物浓度增加时，反应速率变化很小，可视为零级反应。这是因为当$[S]\gg K_m$时，绝大部分酶呈复合物状态，而游离酶很少，底物出现饱和现象，即使提高底物浓度，也难以提高其反应速率。

相应速率方程为：

$$v_s \approx v_{max}$$

③ 当$[S]$与K_m的数量关系处于上述两者之间时，随着底物浓度增加，反应速率的增加率逐渐变小，即反应速率不再与底物浓度成正比，表现为混合级反应。此时需要用 M-M 方程才能表示其动力学关系。并有：当$[S]=K_m$时，酶的一半为游离态，另一半为复合态，$v_s = \frac{1}{2}\cdot v_{max}$。

从上述讨论可以看出，对单底物酶催化反应动力学，当初始酶浓度一定时，不同底物浓度呈现不同的反应级数。当底物浓度较低时，反应动力学表现为一级关系;底物浓度较高时,动力学表现为零级关系;底物浓度为中间范围时,随着底物浓度的增加,反应动力学从一级向零级过渡,是一个变级数的反应过程。

4. 参数的求取

v_{max} 和 K_m 是 M-M 方程中两个重要的动力学参数。必须在动力学实验的基础上,经过适宜的数据处理,才能求取 v_{max} 和 K_m 值。又由于 M-M 方程为一双曲线函数,故应先将该方程线性化,再通过作图法或线性最小乘法求取参数。

主要有下述几种作图法。

(1) Lineweaver-Burk 法 又称双倒数作图法,简称 L-B 法。

将 M-M 方程取倒数:

$$\frac{1}{v_s} = \frac{K_m}{v_{max}} \cdot \frac{1}{[S]} + \frac{1}{v_{max}} \tag{3-13}$$

以 $1/v_s$ 对 $1/[S]$ 作图得一直线[图3-6(a)],该直线斜率为 K_m/v_{max},直线与纵轴交于 $1/v_{max}$,与横轴交于 $-1/K_m$。

该法的主要问题是:当 $[S]$ 值很低时,相应 v_s 值也很小,取其倒数则使数据误差得到进一步放大。所以在底物浓度低时,不宜采用此法。

(2) Eadie-Hofstee 法 简称 E-H 法。

将 M-M 方程重排为:

$$v_s = v_{max} - K_m \cdot \frac{v_s}{[S]} \tag{3-14}$$

以 v_s 对 $v_s/[S]$ 作图,得一斜率为 $-K_m$ 的直线[图3-6(b)],纵轴交点为 v_{max},横轴交点为 v_{max}/K_m。

该法没有对 v_s 取倒数,即没有放大底物浓度的误差,因此比 L-B 法的结果好些。

(3) Hanes-Woolf 法 又称 Langmuir 作图法,简称 H-W 法。

将式(3-13)乘以 $[S]$,得到:

$$\frac{[S]}{v_s} = \frac{K_m}{v_{max}} + \frac{[S]}{v_{max}} \tag{3-15}$$

以 $[S]/v_s$ 对 $[S]$ 作图,得一斜率为 $1/v_{max}$ 的直线[图3-6(c)],纵轴交点为 K_m/v_{max},横轴交点为 $-K_m$。

该法的优点是数据分布均匀,减少了试验误差,能提供较准确的动力学参数。

(4) 积分作图法 如果酶催化反应机理符合 M-M 方程的假设,则可根据 M-M 方程进行积分,得到:

$$v_{max}t = ([S_0] - [S]) + K_m \ln \frac{[S_0]}{[S]} \tag{3-16}$$

对该式进行整理,分别得到下式:

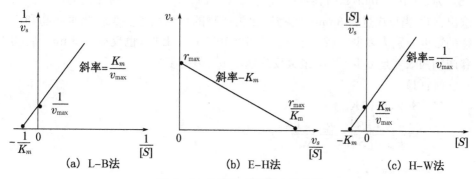

图 3 - 6 作图法求取动力学参数

$$\frac{\ln\dfrac{[S_0]}{[S]}}{[S_0]-[S]}=\frac{v_{max}}{K_m}\frac{t}{[S_0]-[S]}-\frac{1}{K_m} \qquad (3-17)$$

$$\frac{1}{t}\ln\frac{[S_0]}{[S]}=\frac{v_{max}}{K_m}-\frac{1}{K_m}\frac{[S_0]-[S]}{t} \qquad (3-18)$$

通过动力学实验,测出 $[S]-t$ 系列数据,并代入上述各式,通过线性作图求其动力学参数。积分作图法的主要问题,是要保证随着反应的进行,反应产物的增加对反应速率不产生影响,否则不符合 M-M 方程成立的假设。

对上述方法中所采用的各种线性化方程,亦可利用线性最小二乘法对实验数据进行回归,直接求取动力学参数。

例 3-1: 如果要求反应速率达到 v_{max} 的 99%,求其底物浓度。

解:$99\%=\dfrac{100\%[S]}{K_m+[S]}$

$99K_m+99[S]=100[S]$

$\therefore [S]=99K_m$

例 3-2: 过氧化氢酶的 K_m 值为 25 mmol/L,当底物过氧化氢浓度为 100 mmol/L 时,求在此底物浓度下过氧化氢酶被底物饱和的百分数。

解:$v=\dfrac{v_{max}[S]}{K_m+[S]}=\dfrac{100v_{max}}{25+100}=\dfrac{100v_{max}}{125}$

得,$\dfrac{v}{v_{max}}=\dfrac{100}{125}=80\%$ 即,$v=80\%v_{max}$

认为有 80% 的酶已与底物作用生成了中间产物,故过氧化氢酶在此时被底物饱和的百分数为 80%。

例 3-3: 有一均相酶催化反应,K_m 值为 2×10^{-3} mol/L,当底物的初始浓度

$[S_0]$为1×10^{-5} mol/L 时,若反应进行 1 min,则有 2%的底物转化为产物。试求出:(1) 当反应进行 3 min,底物转化为产物的百分数是多少? 此时底物和产物的浓度分别为多少? (2) 当$[S_0]$为1×10^{-6} mol/L 时,也反应了 3 min,底物和产物的浓度是多少? (3) 最大反应速率 v_{max}值为多少?

解:(1)

$\because$ $[S_0]<0.01K_m$

$\therefore$ $v=\dfrac{v_{max}\cdot[S]}{K_m+[S]}=\dfrac{v_{max}\cdot[S]}{K_m}=-\dfrac{dS}{dt}$

$\dfrac{dS}{[S]}=-\dfrac{v_{max}}{K_m}\cdot dt$

即 $\ln\dfrac{[S]}{[S_0]}=-\dfrac{v_{max}}{K_m}\cdot t$

反应进行 1 min 时,$[S]=(1-2\%)[S_0]=0.98\times10^{-5}$ mol/L

$\therefore$ $\dfrac{v_{max}}{K_m}=-\dfrac{\ln\dfrac{[S]}{[S_0]}}{t}=0.020\ 2$ min^{-1}

反应进行到 3 min 时,$\ln\dfrac{[S]}{[S_0]}=-0.020\ 2\times3=-0.060\ 6$

$\therefore$ $[S]=0.94\times10^{-5}$ mol/L

底物消耗量即为底物转化为产物的量,即 $X_S=\dfrac{[S_0]-[S]}{[S_0]}=6\%$

$v=\dfrac{dP}{dt}=\dfrac{v_{max}\cdot[S]}{K_m}$

即$[P]=\dfrac{v_{max}}{K_m}\cdot[S]\cdot t=0.020\ 2\times0.94\times10^{-5}\times3=5.7\times10^{-7}$ mol/L

(2) 当$[S_0]=1\times10^{-6}$ mol/L 时

同(1)可得,反应 3 min 时,$[S]=0.94\times10^{-6}$ mol/L

$[P]=5.7\times10^{-8}$ mol/L

(3) $v_{max}=0.020\ 2\times2\times10^{-3}=4\times10^{-5}$ mol/L $\cdot$ min

第三节　有抑制的酶催化反应动力学

抑制是指抑制剂与酶的活性有关部位结合后,改变了酶活性中心的结构或构象,从而导致酶活力下降的一种效应,任何能直接作用于酶并降低酶催化反应速率的物质称为酶的抑制剂。酶的抑制剂既可以是细胞反应的代谢物,用以抑制某一特殊酶,作为代谢途径中正常调控的一部分;同时抑制剂亦可以是外源物质,如药物和毒物等。

根据抑制剂与酶的作用方式不同,酶的抑制可分为不可逆抑制与可逆抑制两大类。

a. 不可逆抑制作用

抑制剂以共价键与酶的必需基团结合,不能用透析、超滤等物理方法解除抑制,这类抑制剂称为不可逆抑制剂,这种机制作用称为不可逆抑制作用(irreversible inhinition)。

例一,有机磷化合物,如敌百虫等,能通过磷原子与丝氨酸羟基共价结合,从而抑制胆碱酯酶的活力,乙酰胆碱不能被失活的酶水解,结果导致乙酰胆碱在体内积累,过多的乙酰胆碱会导致神经过度兴奋,使昆虫由于功能失调而死亡,人和家畜产生多种严重中毒症状。与此作用机制相似的物质还有有机汞化合物、有机砷化合物、一氧化碳、氰化物等。

例二,碘代乙酸能与酶分子的巯基进行不可逆结合,巯基是多种酶的必需基团,结合后会抑制酶的活力。与此作用机制相似的物质还有某些重金属,如 Pb^{2+}、Cu^{2+}、Hg^{2+},以及对氯汞苯甲酸等。

不可逆抑制作用随抑制剂浓度的增加、酶与抑制剂接触时间的延长而逐渐增强。不能用透析、超滤等物理方法解除抑制,但是可以通过化学反应将之除去。有机磷化合物中毒时,可用含有—CH＝NOH 基的肟化物将其从酶分子上取代下来,使酶恢复活力。这类化合物是有机磷杀虫剂的特效解毒剂。重金属中毒时可用二巯基丙醇或二巯基丁二酸钠等含巯基的化合物使酶恢复活力。

b. 可逆抑制作用

抑制剂以非共价键与酶结合,用超滤、透析等物理方法能够解除抑制,这类抑制剂称为可逆抑制剂,这种抑制作用称为可逆抑制作用(reversible inhibition)。可逆抑制作用的类型主要有 3 种:竞争性抑制作用、非竞争性抑制作用和反竞争性抑制作用。

动画:酶的抑制

1. 竞争性可逆抑制动力学

抑制剂的结构与底物结构相似,能与底物竞争性结合在酶的活性中心,从而降低或抑制酶的活力,这种抑制剂称竞争性抑制剂,这种抑制作用称竞争性抑制作用(competitive inhibition),如图 3 - 7 所示。

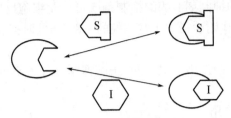

图 3 - 7　抑制剂和底物竞争与酶结合

S—底物；I—抑制剂

竞争性抑制的机理为：$E+S \underset{k_{-1}}{\overset{k_{+1}}{\rightleftharpoons}} [ES] \overset{k_{+2}}{\longrightarrow} E+P$

$$E+I \underset{k_{-3}}{\overset{k_{+3}}{\rightleftharpoons}} [EI]$$

式中，I——抑制剂；

　　$[EI]$——非活性复合物。

根据稳态假设，可列出下述方程：

$$\frac{\mathrm{d}[ES]}{\mathrm{d}t} = k_{+1}[E][S] - (k_{-1}+k_{+2})[ES] = 0 \tag{3-19}$$

$$\frac{\mathrm{d}[EI]}{\mathrm{d}t} = k_{+3}[E][I] - k_{-3}[EI] = 0 \tag{3-20}$$

$$[E_0] = [E] + [ES] + [EI] \tag{3-21}$$

$$v_{SI} = k_{+2}[ES] \tag{3-22}$$

经整理得到：

$$v_{SI} = \frac{v_{\max} \cdot [S]}{K_m^* + [S]} \tag{3-23}$$

$$K_m^* = \left(1 + \frac{[I]}{K_I}\right) K_m \tag{3-24}$$

式中，K_m^*——有抑制剂存在时的表观米氏常数；

　　K_I——抑制剂的解离常数。

竞争性抑制作用的特征曲线如图 3 - 8 所示。

竞争性抑制动力学的特点是米氏常数的改变。当 $[I]$ 增加或 K_I 减少，K_m^* 都将导致增大，有抑制的底物反应速率下降。从图 3 - 8(a) 可以看出，随着底物浓度的增加，竞争性抑制程度在逐渐减小。对竞争性抑制，可通过提高 $[S]$ 来减小其抑制剂的抑制程度。

竞争性抑制是细胞本身为了充分利用营养物质所具有的一种调节和控制功能，也常用于制造药物。

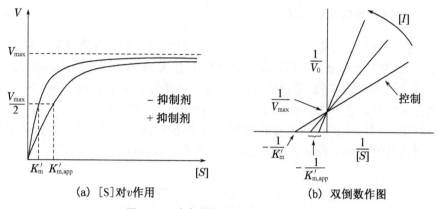

(a) [S]对v作用　　　　(b) 双倒数作图

图3-8　竞争性抑制作用动力学曲线

例一,如琥珀酸脱氢酶催化琥珀酸脱氢生成延胡索酸,而丙二酸、苹果酸及草酰乙酸与琥珀酸结构相似,所以它们都可以与琥珀酸脱氢酶的底物结合部位结合,抑制该酶的活力,这几种物质均是琥珀酸脱氢酶的竞争性抑制剂。

例二,竞争性抑制作用的原理可用来阐明某些药物的作用原理和指导新药合成。某些细菌以对氨基苯甲酸、二氢蝶啶及谷氨酸为原料合成二氢叶酸,并进一步生成四氢叶酸,四氢叶酸是细菌核酸合成的辅酶。磺胺药物与对氨基苯甲酸结构相似,是细菌二氢叶酸合成酶的竞争性抑制剂。它通过降低菌体内四氢叶酸的合成能力,阻碍核酸的生物合成,抑制细菌的繁殖,达到抑菌的目的(图3-9)。

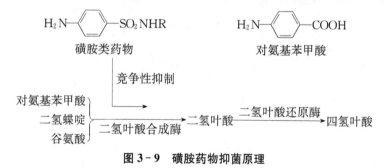

图3-9　磺胺药物抑菌原理

氨甲蝶啶、氟尿嘧啶、6-巯基嘌呤等,都是酶的竞争性抑制剂,分别抑制四氢叶酸、脱氧嘧啶核苷酸及嘌呤核苷酸的合成,从而抑制肿瘤的生长,在临床上被用做抗癌药物。

2. 非竞争性抑制动力学

有些抑制剂可与酶活性中心以外的必需基团结合,不影响酶与底物的结合,也就是说,抑制剂和底物可同时结合在酶分子上,形成酶—底物—抑制剂复合物[ESI],不能释放出产物,使酶活力丧失,这种抑制剂称为非竞争性抑制剂,这种抑制作用称为非竞争性抑制作用(non-competitive inhibition)。

如图 3-10 所示,在非竞争性抑制作用中,抑制剂主要结合在维持酶分子构象的必需基团上或结合在活性中心的催化基团上,从而降低酶的活性。

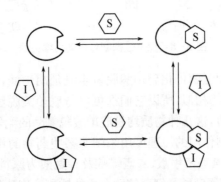

图 3-10 非竞争性抑制作用

非竞争性抑制机理式为:$E+S \underset{k_{-1}}{\overset{k_{+1}}{\rightleftharpoons}} [ES] \xrightarrow{k_{+2}} E+P$

$$E+I \underset{k_{-3}}{\overset{k_{+3}}{\rightleftharpoons}} [EI]$$

$$ES+I \underset{k_{-4}}{\overset{k_{+4}}{\rightleftharpoons}} [SEI]$$

$$EI+S \underset{k_{-5}}{\overset{k_{+5}}{\rightleftharpoons}} [SEI]$$

又
$$[E_0]=[E]+[ES]+[EI]+[SEI] \tag{3-25}$$

$$\frac{\mathrm{d}[ES]}{\mathrm{d}t}=\frac{\mathrm{d}[EI]}{\mathrm{d}t}=\frac{\mathrm{d}[SEI]}{\mathrm{d}t}\approx0 \tag{3-26}$$

式中,[SEI]——底物—酶—抑制剂三元复合物浓度。

经整理得到速率方程为:
$$v_{SI}=\frac{v_{\max}^{*}[S]}{K_m+[S]} \tag{3-27}$$

$$v_{\max}^{*}=\frac{v_{\max}}{1+\dfrac{[I]}{K_I}} \tag{3-28}$$

这表明，对非竞争性抑制，抑制作用使其 v_{max} 降低了 $\left(1+\dfrac{[I]}{K_I}\right)$ 倍。此时 $V_{SI} \sim [S]$ 的关系如图 3-11(a)所示。图 3-11(b)可以看出，非竞争性抑制剂存在的曲线与无抑制剂存在的曲线相交于横坐标 $-1/K_m$ 处，纵坐标截距因抑制剂的存在而变大。这说明非竞争抑制剂使反应速率降低，K_m 值不发生改变，v_{max} 减小。对非竞争性抑制，其抑制程度的大小取决于抑制剂的浓度，而与[S]大小无关。

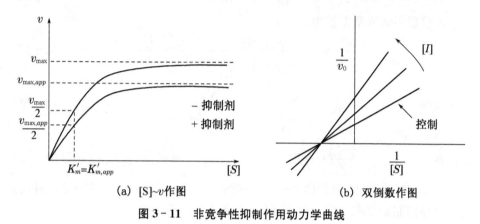

(a) [S]~v作图　　(b) 双倒数作图

图 3-11　非竞争性抑制作用动力学曲线

3. 反竞争性抑制动力学

有些抑制剂必须在酶结合了底物之后才能与酶和底物的中间产物结合，该抑制剂与单独的酶不结合，称为反竞争性抑制剂，这种抑制作用称为反竞争抑制作用(uncompetitive inhibition)。反竞争性抑制常见于多底物反应中，如肼类化合物抑制酶蛋白酶(图 12)。

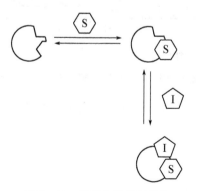

图 3-12　反竞争性抑制作用

反竞争性抑制机理式为：$E+S \underset{k_{-1}}{\overset{k_{+1}}{\rightleftharpoons}} [ES] \overset{k_{+2}}{\longrightarrow} E+P$

$$ES+I \underset{k_{-3}}{\overset{k_{+3}}{\rightleftharpoons}} [SEI]$$

又 $\qquad [E_0]=[E]+[ES]+[SEI] \qquad (3-39)$

$$\frac{\mathrm{d}[ES]}{\mathrm{d}t}=\frac{\mathrm{d}[SEI]}{\mathrm{d}t}=0 \qquad (3-40)$$

经整理得到速率方程为：

$$v_{SI}=\frac{v_{\max}[S]}{K_m+[S]\left(1+\dfrac{[I]}{K_I}\right)}=\frac{v_{\max}^*[S]}{K_m^*+[S]} \qquad (3-41)$$

式中 $\qquad v_{\max}^*=\dfrac{v_{\max}}{1+\dfrac{[I]}{K_I}} ; K_m^*=\dfrac{K_m}{1+\dfrac{[I]}{K_I}} \qquad (3-42)$

并存在： $\qquad \dfrac{v_{\max}^*}{K_m^*}=\dfrac{v_{\max}}{K_m} \qquad (3-43)$

以 v_{SI} 对[S]作图，得到图 3-13(a)所示的曲线。从图 3-13(b)可以看出，反竞争性抑制剂存在使反应速率降低，K_m 值和 $v_{\max}$ 都减小。

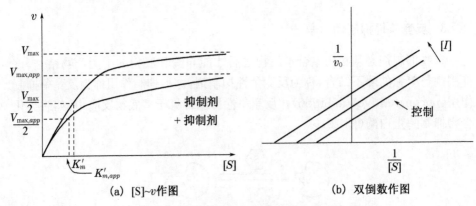

(a) [S]~v作图　　　　　　(b) 双倒数作图

图 3-13　非竞争性抑制作用动力学曲线

表 3-3 对比了可逆反应中 3 种抑制剂类型对酶反应动力学及动力学参数的影响。

表 3-3 酶催化反应的动力学及动力学参数

抑制剂类型	反应速率方程式	K_m	V_{max}
无抑制剂	$S+EH^-\xrightleftharpoons{K'_m}EHS^-\xrightarrow{k_2}EH^-+P$	K_m	V_{max}
竞争性抑制剂	$v=\dfrac{v_{max}[S]}{\left(1+\dfrac{[I]}{K_I}\right)K_m+[S]}$	$K_m\left(1+\dfrac{[I]}{K_I}\right)$ 减小	V_{max}
非竞争性抑制剂	$v=\dfrac{v_{max}[S]}{\left(1+\dfrac{[I]}{K_I}\right)(K_m+[S])}$	K_m	$\dfrac{v_{max}}{\left(1+\dfrac{[I]}{K_I}\right)}$ 减小
反竞争性抑制剂	$v=\dfrac{v_{max}[S]}{K_m+\left(1+\dfrac{[I]}{K_I}\right)[S]}$	$K_m\left(1+\dfrac{[I]}{K_I}\right)$ 减小	$\dfrac{v_{max}}{\left(1+\dfrac{[I]}{K_I}\right)}$ 较小
K_I酶抑制剂解离常数,$K_I=[E][I]/[EI]$			

4. 底物抑制动力学

有的酶催化反应,在底物浓度较高时,其反应速率会随底物浓度的提高反而下降,这种因高底物浓度所造成的反应速率下降则称为底物的抑制作用,其原因是由于多个底物分子与酶的活性部位相结合后,所形成的复合物又不能分解为产物所致。

底物抑制机理式为: $E+S\xrightleftharpoons[k_{-1}]{k_{+1}}[ES]\xrightarrow{k_{+2}}E+P$

$$ES+S\xrightleftharpoons[k_{-3}]{k_{+3}}[SES]$$

式中,$[SES]$——不具催化反应活性,不能分解为产物的三元复合物。

其抑制机理类似反竞争性可逆抑制。

$$[E_0]=[E]+[ES]+[SES] \tag{3-44}$$

$$K'_m=\frac{k_{-1}}{k_{+1}}=\frac{[E][S]}{[ES]} \tag{3-45}$$

$$K_{SI}=\frac{k_{-3}}{k_{+3}}=\frac{[S][ES]}{[SES]} \tag{3-46}$$

经整理得到速率方程为: $v_{SS}=\dfrac{v_{max}[S]}{K_m+[S]\left(1+\dfrac{[S]}{K_{SI}}\right)}$ $\tag{3-47}$

式中，v_{ss}——底物抑制反应速率；

$\quad\quad K_{SI}$——底物抑制解离常数。

根据式(3-48)，当[S]值较低时，$\left(1+\dfrac{[S]}{K_{SI}}\right)\to1$，该式为 M-M 方程形式；

当[S]值较高时，则有：
$$\left(1+\frac{[S]}{K_{SI}}\right)\gg\frac{K_m}{[S]} \tag{3-48}$$

速率方程为：
$$v_{ss}=\frac{v_{max}}{\left(1+\dfrac{[S]}{K_{SI}}\right)} \tag{3-49}$$

此时，当[S]提高时，v_{ss}则下降，图3-14表示了上述关系。

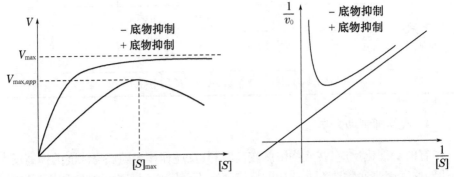

图3-14 底物抑制的 v_{ss}-[S]关系　　　图3-15 底物抑制的 L-B 图

从图3-15可以看出，v_{ss}与[S]的关系不是双曲函数而是抛物线关系，并有一最大值 $V_{s,max}$，为最大底物消耗速率。相应的底物浓度若用[S]$_{max}$表示则有：
$$[S]_{max}=\sqrt{K_m K_{SI}} \tag{3-50}$$

根据方程(3-47)，按 L-B 作图，得到如图3-15所示的关系。

在高底物浓度时，$1/v_{ss}\sim[S]$为一直线，其斜率为 $1/v_{max}K_{SI}$。

第四节　影响酶催化活性的因素

影响酶催化活性的因素很多，除前面已经讨论过的酶浓度、底物和产物浓度以及抑制剂的影响外，还有酸碱度和温度等影响酶催化活性的操作因素。

1. pH 的影响

酶分子上有许多酸性和碱性的氨基酸侧链基团，如果酶要表现其活性，则这些基团必须有一定的解离形式。随着 pH 的变化,这些基团可处在不同的解离状态,而具有催化活性的离子基团仅是其中一种特定的解离形式,因而随着 pH 的变化,具有催化活性的这种特殊的离子基团在总酶量中所占的比例就会不同,从而使酶所具有的催化能力也不同。

根据上述分析,Michaelis 对 pH 与酶活力的关系提出三种状态模型的假设,其基本点如下:

① 假定酶分子有两个可解离的基团,随着 pH 的变化,分别呈现出 EH_2、EH^- 及 E^{2-} 三种状态,即 $EH_2 \underset{+H^+}{\overset{-H^+}{\rightleftharpoons}} EH^- \underset{+H^+}{\overset{-H^+}{\rightleftharpoons}} E^{2-}$

酸性条件下,酶呈 EH_2 状态;当 pH 增加,酶以 EH^- 状态存在;当 pH 继续增加,酶以 E^{2-} 状态存在。

② 上述三种解离状态中,只有 EH^- 型具有催化活性。

③ 底物 S 的解离状态不变。

④ 速率控制步骤为由 EHS^- 生成产物 P 的速率。

反应机理式可表示为

$$
\begin{array}{c}
E^- + H^+ \\
K_2 \big\updownarrow \\
S + EH^- \xrightarrow{K_m'} EHS^- \xrightarrow{k_2} EH^- + P \\
+ \\
H^+ \\
K_1 \big\updownarrow \\
EH_2^+
\end{array}
$$

根据酶反应动力学一般原理,可有下述的基本关系式:

$$K_m' = \frac{[EH][S]}{[EHS]} \tag{3-51}$$

$$K_1 = \frac{[EH][H^+]}{[EH_2^+]} \tag{3-52}$$

$$K_2 = \frac{[E^-][H^+]}{[EH]} \tag{3-53}$$

$$[E_0] = [E^-] + [EH^-] + [EH_2^+] + [EHS] \tag{3-54}$$

$$v = k_2[EHS] \tag{3-55}$$

经整理可得速率方程为: $v = \dfrac{v_{max}[S]}{K_{m,app}' + [S]}$ \qquad (3-56)

其中, $K'_{m,app} = K'_m \left(1 + \dfrac{K_2}{[H^+]} + \dfrac{[H^+]}{K_1}\right)$

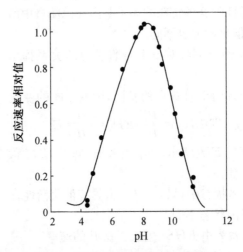

图 3-16　酶活性与 pH 关系曲线

图 3-16 表示了 pH 的变化对酶催化活性的影响。可看出, pH 有一适宜范围, 在 6 与 9 之间。最佳 pH 应为: $pH_{opt} = \dfrac{1}{2}(pK_1 + pK_2)$。

2. 温度的影响

温度对酶催化反应活性的影响也较复杂。在较低的温度范围内, 反应活性随温度的升高而升高; 当温度超过酶所允许的生理温度时, 则随着温度的提高, 酶的热变性失活速率会加快, 导致酶的活性下降, 酶催化反应速率亦随温度的升高而下降。

酶催化反应的适宜温度一般在 5~40 ℃ 的范围内, 仅有少数酶需在更低或更高的反应温度下进行反应。在温度超过 45 ℃时, 则有很多蛋白质开始变性。

图 3-17 描述了酶活性随温度变化的关系曲线, 曲线向上部分为温度活化; 向下部分为温度失活或热变性。

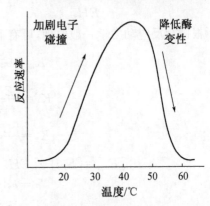

图 3-17　酶催化反应速率与温度的关系曲线

该曲线表明,存在一最适温度,在此温度时,酶的催化活性最大。

但是,该最适温度并非是不变的,它要受到酶的纯度、底物、抑制剂以及酶催化反应时间等因素的影响。以酶催化反应最适温度与反应时间的关系为例,如果在不同温度条件下进行某种酶催化反应,将不同温度下所测的底物变化量对反应时间作图,如图3-18所示。

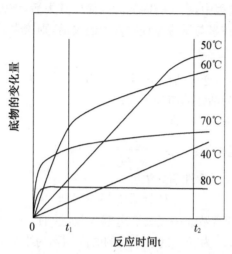

图3-18 酶反应适宜温度与时间的关系

从图3-18中可以看出:在较低温度范围内,底物的变化量随反应时间 t 的增加而增加,这表明在此温度范围内酶的活性没有变化;随着温度的提高,若该反应在某一较高温度范围内进行,则会出现底物变化量在一很短时间内上升到某一值,然后底物变化量基本不变,这表明此时酶已无催化活性。

图3-18中曲线所表现的酶反应速率的改变,实际上是温度两种影响的综合结果:温度加速酶催化反应;温度加速酶蛋白变性。温度的这种综合影响与时间有密切关系,其根本原因是由于温度促使酶蛋白变性的效应是随时间累加的。在反应的最初阶段,酶蛋白变性尚未表现出来,因此反应的速率随温度升高而加快;但是,当反应时间延长时,酶蛋白变性效应逐渐突出,反应速率随温度升高的效应将逐渐被酶蛋白变性效应所抵消,因此在不同的反应时间内所测的最适温度会有所不同,它将随反应时间的延长而降低。

在适宜的温度范围内,酶反应速率常数 k_{+2} 与温度的关系符合 Arrhenius 方程:

$$k_{+2} = A \cdot e^{\left(-\frac{E_a}{RT}\right)} \qquad (3-57)$$

酶反应活化能一般为 $100\sim 200\ kJ\cdot mol^{-1}$。

酶的失活速率对酶的应用过程非常重要,特别是在连续操作的酶反应过程中,过程的经济可行性往往取决于酶的使用寿命。

造成酶失活的因素很多:物理因素中有加热、冷却和机械力等;化学因素则有酸、碱、盐、溶剂和贵金属等。

如果酶在保存过程中,由于时间的原因而使其失活,该失活类型被称为酶的静态稳定性;如果酶在参与反应过程中发生的失活,则该失活被称为酶的操作稳定性。

最简单的一级不可逆失活模型,可表示为:$E \xrightarrow{k_d} D$

式中,E, D——分别为活性酶与失活酶;

k_d——活性酶失活速率常数。

活性酶的失活速率为: $\quad v_d = -\dfrac{\mathrm{d}[E_t]}{\mathrm{d}t} = k_d[E_t]$ $\qquad$ (3-58)

式中,$[E_t]$——时间 t 时活性酶的浓度。

积分得: $\qquad\qquad\qquad [E_t] = [E_0]\cdot e^{(-k_d t)}$ $\qquad$ (3-59)

式中 k_d 又称衰变常数或一级失活速率常数,量纲为(时间)$^{-1}$。k_d 的倒数则为时间常数 t_d。当 $[E_t]$ 为 $[E_0]$ 的一半时的时间则称为半衰期,用 $t_{1/2}$ 表示。

k_d、t_d 和 $t_{1/2}$ 之间的关系可表示为:$k_d = \dfrac{1}{t_d} = \dfrac{\ln 2}{t_{1/2}}$ $\qquad$ (3-60)

失活速率常数与温度的关系为:$k_d = A_d e^{\left(-\frac{E_d}{RT}\right)}$ $\qquad$ (3-61)

式中,A_d——失活反应 Arrhenius 方程的指前因子;

E_d——失活反应活化能。

根据式(3-60)和(3-61),可得到:$\dfrac{[E_t]}{[E_0]} = e^{\left[-A_d t e^{\left(-\frac{E_d}{RT}\right)}\right]}$ $\qquad$ (3-62)

该式为时间和温度的二元函数。

酶失活反应的活化能在 $200\sim 300\ kJ\cdot mol^{-1}$,要比酶反应活化能大得多,这表明酶失活速率受温度变化的影响程度更大。

第五节 多底物酶催化机理

之前讨论的都是指单底物的酶催化反应,而实际的酶催化反应是很复杂的。对于一般的酶催化反应可用下列通式表示:$A+B+C+\cdots \rightleftharpoons P+Q+R+\cdots$

在这种情况下,动力学方程中包含 A、B、C... 及 P、Q、R···的浓度项,因而非常复杂,动力学参数也很多。属于这类多底物的酶有氧化酶、转移酶、连接酶等。现仅讨论双底物酶催化反应的动力学。

对双底物酶催化反应的机理,一般认为要让两个底物同时与酶活性部位相结合形成复合物似乎不太可能,而是认为双底物酶反应系统中复合物的形成有三种最简单的情况,即随机机制、顺序机制和乒乓机制。

1. 随机机制

如图 3-19 所示,随机机制是指两个底物分子随机地与酶结合,两个产物分子也随机地释放出来。许多激酶类的催化机制属于此种。

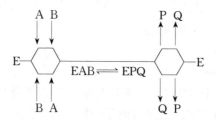

图 3-19 随机机制示意图

反应机理式可表示为:

$$E+A \xrightleftharpoons[]{K_s^A} EA$$

$$EB+A \xrightleftharpoons[K^{BA}]{} EAB \xrightarrow{K_{cat}} E+P+Q$$

反应关系式为:$v=K_{cat}[EAB]$,$v_{\max}=K_{cat}\cdot[E_0]$

$$\because K_S^A=\frac{[E][A]}{[EA]},K_S^B=\frac{[E][B]}{[EB]},K^{BA}=\frac{[EB][A]}{[EBA]},K^{AB}=\frac{[EA][B]}{[EAB]}$$

$$[E_0]=[E]+[EA]+[EB]+[EAB]$$

$$\therefore \frac{K_S^A}{K_S^B}=\frac{[A][EB]}{[EA][B]}=\frac{K^{BA}}{K^{AB}}$$

$$\therefore \frac{v}{v_{\max}}=\frac{[EAB]}{[E_0]}=\frac{[A][B]}{K_S^A\cdot K^{AB}+K^{AB}\cdot[A]+K^{BA}\cdot[B]+[A][B]}$$

考虑 v 与 $[A]$ 的关系：$\dfrac{v}{v_{\max}} = \dfrac{[B]}{\dfrac{K_S^A \cdot K^{AB}}{[A]} + K^{AB} + [B]\left(\dfrac{K^{BA}}{[A]} + 1\right)}$

$$\therefore v = \dfrac{v_{\max} \cdot [B]}{\dfrac{K_S^A \cdot K^{AB}}{[A]} + K^{AB} + [B]\left(\dfrac{K^{BA}}{[A]} + 1\right)} = \dfrac{\dfrac{v_{\max} \cdot [A]}{K^{BA} + [A]} \cdot [B]}{\left(\dfrac{\dfrac{K_S^A \cdot K^{AB}}{[A]} + K^{AB}}{1 + \dfrac{K^{BA}}{[A]}}\right) + [B]} =$$

$$\dfrac{v'_{\max} \cdot [B]}{K' + [B]}$$

其中，$v'_{\max} = \dfrac{[A] \cdot v_{\max}}{K^{BA} + [A]}$，$K' = \dfrac{K^{AB}(K_S^A + [A])}{[A]} \cdot \dfrac{[A]}{[A] + K^{BA}} = \dfrac{K^{AB}(K_S^A + [A])}{K^{BA} + [A]}$

同理，可讨论 v 与 $[B]$ 的关系。

2. 顺序机制

如图 3-20 所示，两个底物 A 和 B 与酶结合成复合物是有顺序的，酶先与底物 A 结合形成 $[EA]$ 复合物，然后该复合物 $[EA]$ 再与 B 结合形成具有催化活性的 $[EAB]$，自然生成产物。

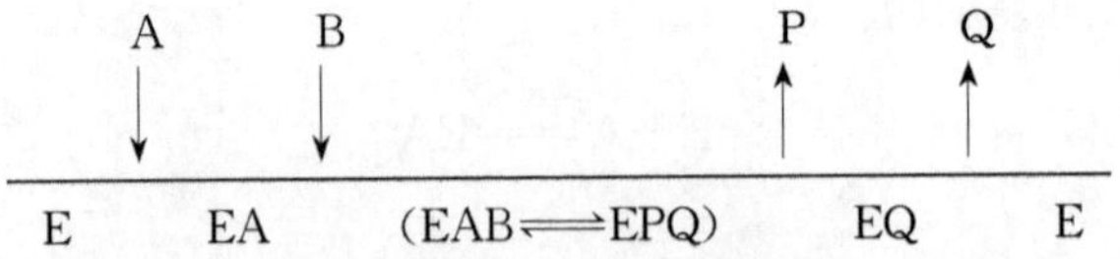

$$\begin{array}{ccccccc} & A & B & & P & Q & \\ & \downarrow & \downarrow & & \uparrow & \uparrow & \\ \hline E & EA & (EAB \rightleftharpoons EPQ) & & EQ & & E \end{array}$$

图 3-20　顺序机制示意图

反应机理式可表示为：$E + A \xrightarrow{K_s^A} EA + B \xrightarrow{K^{AB}} EAB \xrightarrow{k_{cat}} E + P + Q$

反应关系式为：$K_S^A = \dfrac{[E][A]}{[EA]}$，$K^{AB} = \dfrac{[EA][B]}{[EAB]}$

$$\therefore \dfrac{v}{v_{\max}} = \dfrac{K_{cat} \cdot [EAB]}{K_{cat} \cdot [E_0]} = \dfrac{[EAB]}{[E] + [EA] + [EAB]}$$

$$= \dfrac{[A] \cdot [B]}{K_S^A \cdot K^{AB} + K^{AB} \cdot [A] + [A][B]}$$

考虑 v 与 $[B]$ 的关系，$\dfrac{v}{v_{\max}} = \dfrac{[A]}{\dfrac{K_S^A \cdot K^{AB}}{[B]} + \dfrac{K^{AB} \cdot [A]}{[B]} + [A]}$

$$\therefore v = \frac{[A] \cdot v_{max}}{\frac{K_S^A \cdot K^{AB}}{[B]} + \frac{K^{AB} \cdot [A]}{[B]} + [A]} = \frac{\frac{[B] \cdot v_{max}}{K_S^A + [B]} \cdot [A]}{\frac{K_S^A \cdot K^{AB}}{[B] + K^{AB}} + [A]} = \frac{v'_{max}[A]}{K' + [A]}$$

其中，$v'_{max} = \frac{[B]}{K^{AB} + [B]} \cdot v_{max}$，$K' = \frac{K_S^A \cdot K^{AB}}{K^{AB} + [B]}$

再考虑 v 和 $[A]$ 的关系，$\dfrac{v}{v_{max}} = \dfrac{[B]}{\dfrac{K_S^A \cdot K^{AB}}{[A]} + K^{AB} + [B]}$

$$\therefore v = \frac{v_{max} \cdot [B]}{\frac{K_S^A \cdot K^{AB} + K^{AB} \cdot [A]}{[A]} + [B]} = \frac{v_{max} \cdot [B]}{K'' + [B]} \left(K'' = \frac{K_S^A \cdot K^{AB}}{[A]} + K^{AB}\right)$$

3. 乒乓机制

如图 3-21 所示，乒乓机制的特点是酶与一种底物结合后，先释放其相应的产物，然后再结合另一底物，并释放另一产物。

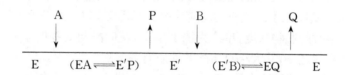

图 3-21 乒乓机制示意图

反应机理式可表示为：

$$E + A \underset{k_{-1}}{\overset{k_1}{\rightleftharpoons}} EA \xrightarrow{k_2} E' + B \underset{k_{-3}}{\overset{k_3}{\rightleftharpoons}} E'B \xrightarrow{k_4} E$$

反应关系式为：$v = k_4[E'B]$，$K_m^A = \dfrac{k_{-1} + k_2}{k_1} = \dfrac{[E][A]}{[EA]}$，$K_m^B = \dfrac{k_{-3} + k_4}{k_3} = \dfrac{[E][B]}{[EB]}$

$[E_0] = [E] + [EA] + [E'B] + [E']$

$$\therefore \frac{v}{v_{max}} = \frac{[A][B]}{(k_4/k_2)K_m^A[B] + K_m^B[A] + [A][B](A + k_4/k_2)}$$

其中，$v_{max} = k_4[E_0]$，$\alpha = \dfrac{k_4}{k_2}$；限速步骤为 EB 转化为 EQ，故 $k_2 \gg k_4$

$$\therefore \frac{v}{v_{\max}} = \frac{[A][B]}{\alpha K_m^A[B] + K_m^B[A] + [A][B]}$$

$$\frac{v}{v'_{\max}} = \frac{[A]}{\dfrac{K_m^B[A]}{\alpha K_m^A + [A]} + [A]}$$

$$\therefore v = \frac{v'_{\max}[A]}{K' + [A]} \left(v'_{\max} = \frac{v_{\max}[A]}{\alpha K_m^A + [A]}, K' = \frac{K_m^B[A]}{\alpha K_m^A + [A]} \right)$$

本章小结

作为生物催化剂的酶具有专一性、高效性、反应条件温和及可调节性等特点,在各个领域中均有广泛应用。酶促反应动力学是研究酶促反应速率及其影响因素的科学。这些因素主要包括酶的浓度、底物的浓度、pH、温度、抑制剂和激活剂等。

米氏方程用于描述酶促反应中底物浓度与反应速率的关系,$v = v_{\max}[S]/(K_m + [S])$,其中 $v_{\max}$ 指该酶促反应的最大速率,$[S]$ 为底物浓度,K_m 是米氏常数,v 是在某一底物浓度时相应的反应速率。米氏常数 K_m 值等于酶反应速率为最大速率一半时的底物浓度,单位为浓度单位,反应酶与底物的亲和力大小,是酶的特征性常数之一,其大小只与酶的性质有关。

特定的 pH 条件最适合酶、底物和辅酶相互结合,并发生催化作用,使酶促反应速率达最大值,这种 pH 值称为酶的最适 pH。酶促反应速率最大时的温度称为酶的最适温度,最适 pH 和酶的最适温度不是酶的特征性常数,它受底物浓度、缓冲液的种类和浓度以及酶的纯度等因素的影响。

凡能使酶的活力下降而不引起酶蛋白变性的物质称做酶的抑制剂。使酶变性失活(称为酶的钝化)的因素如强酸、强碱等,不属于抑制剂。通常抑制作用可分为可逆抑制和不可逆性抑制两类,其中可逆性抑制又分为竞争性抑制、非竞争性抑制和反竞争性抑制。不同抑制条件下,酶促反应的动力学常数都有所改变。能使酶活力提高的物质,都称为激活剂,其中大部分是离子或简单的有机化合物。

思考题

1. 某一酶催化反应的 K_m 值为 4.7×10^{-5} mol/L,$v_{\max} = 2.2$ μmol/(L·min),$[S] = 2 \times 10^{-4}$ mol/L,$[I] = 5 \times 10^{-4}$ mol/L,$K_I = 3 \times 10^{-4}$ mol/L,试分别计算在

竞争性抑制、非竞争性抑制、反竞争性抑制三种情况下的反应速率。

2. 一分批进行的均相酶反应,底物的初始浓度为 3×10^{-5} mol/L,$K_m = 1 \times 10^{-3}$ mol/L,经过 2 min 后,底物转化了 5%,假定该反应符合 M - M 方程,试问当该反应经过 10 min、30 min 和 60 min 时,该底物转化了多少?

3. 某酶反应,其 $K_m = 0.01$ mol/L。为了求其最大反应速率 v_{max} 值,先通过实验测得该反应进行 5 min 时,底物已转化了 10%,已知 $[S_0] = 3.4 \times 10^{-4}$ mol/L,并假定该反应可用 M - M 方程表示。试求:

(1) 最大反应速率 v_{max} 为多少? (2) 反应 15 min 后,底物浓度为多少?

4. Eadie 在 1942 年测量了乙酰胆碱(底物)在某酶上进行水解反应的初始速率,数据如下:

底物浓度 (mol · L^{-1})	反应初速率 (mol · L^{-1} · min^{-1})	底物浓度 (mol · L^{-1})	反应初速率 (mol · L^{-1} · min^{-1})
0.003 2	0.111	0.008 0	0.166
0.004 9	0.148	0.009 5	0.200
0.006 2	0.153		

试用(1) L - B 法,(2) H - W 法,(3) E - H 法估计其动力学参数值。

5. Scott 等提出乳糖在乳糖酶存在时水解机理如下:

$$E + S \underset{k_{-1}}{\overset{k_{+1}}{\rightleftharpoons}} ES \overset{k_{+2}}{\longrightarrow} E + P + Q \quad E + P \underset{k_{-3}}{\overset{k_{+3}}{\rightleftharpoons}} EP$$

式中 S、P、Q —— 分别为乳糖、半乳糖和葡萄糖。

(1) 用稳态法推导半乳糖生成的速率方程。

(2) 判断半乳糖对此反应是竞争性还是非竞争性抑制?

5. 根据以下反应及其反应常数,建立酶促反应的动力学方程并求解。

$$E + S \underset{k_{-1}}{\overset{k_1}{\rightleftharpoons}} [ES]$$

$$[ES] + S \underset{k_{-2}}{\overset{k_2}{\rightleftharpoons}} [ESS]$$

$$[ESS] \overset{k_3}{\longrightarrow} [ES] + P$$

$$[ES] \overset{k_4}{\longrightarrow} E + P$$

第四章 固定化酶

酶的固定化是指具有催化活性的蛋白质的固定化,因此固定化酶一般为具有各种性状的颗粒,其反应过程必须在颗粒水平上进行描述和表达。它的显著特征是:在描述其反应过程动力学时,必须包含有反应物系从液相主体扩散到颗粒内、外表面的传递速率的影响。

第一节 固定化酶概论

酶的催化作用具有高选择性、高催化活性、反应条件温和、环保无污染等特点,但游离状态的酶对热、强酸、强碱、高离子强度、有机溶剂等的稳定性较差,易失活,并且反应后混入催化产物等物质,纯化困难,不能重复使用。为了克服这些问题,20世纪60年代,酶固定化技术应运而生。它是模拟体内酶的作用方式(体内酶多与膜类物质相结合并进行特有的催化反应),通过化学或物理的手段,用载体将酶束缚或限制在一定的区域内,使酶分子在此区域进行特有和活跃的催化作用,并可回收及长时间重复使用的一种交叉学科技术。

固定化酶(immobilized enzyme)这个术语是在1971年酶工程会议上被推荐使用的。Trevan在1980年给出了固定化酶的定义:酶的固定化就是通过某些方法将酶与载体相结合后使其不溶于含有底物的相中,从而使酶被集中或限制在一定的空间范围内进行酶解反应。其实,固定化酶并不是新的物质,例如,胞内酶是在细胞内起作用的,类似于用包埋方法制成的固定化酶。因此,固定化酶研究,一定程度上可以认为是为了使酶在更接近其原始状态下进行的反应。对各种酶的固定化技术进行积极的研究与开发始于20世纪50年代,通过重氮化共价结合法将羧肽酶、淀粉酶、胃蛋白酶等固定在聚氨基苯乙烯树脂上;1963年,利用聚丙烯酰胺包埋法固定了多种酶;1969年,日本的一家制药公司首次将固定化的酰化氨基酸水解酶用来从混合氨基酸中生产L-氨基酸,开辟了固定化酶工业化应用的新纪元。

通常的生物催化剂,如酶或细胞同其他溶质一样,分散在溶剂或溶液中,可以自由移动,称为游离酶或游离细胞。若通过固定化技术将酶固定于载体表面或其内部,则与液相主体相分离,形成了固定化生物催化剂,即固定化酶。

与游离态酶相比,固定化酶的主要优点是可长期保留在反应器内通过再生而反复使用,易实现连续化生产;易与产物分离,避免了对产物的污染,简化了产物分离工艺;具有较高的酶浓度,有助于提高反应器的体积产率;大多数固定化酶的稳定性有所提高。

其不足之处在于:酶固定化后,其活力有所下降;增加了固定化酶制备的成本;对大分子或不溶性物系尚难以适用;反应受到传质速率的限制。

酶的固定化,不仅使酶的活力发生了变化,而且由于固定化酶的引入,反应体系变成多相体系,例如液—固体系、气—液—固体系等。因此在研究固定化酶催化反应动力学时,不仅要考虑催化反应的本征动力学规律,更要研究反应物的质量传递规律,要研究物质的质量传递对酶催化反应过程的影响。建立其同时包括物质传递速率和催化反应速率的动力学方程,这种方程一般称为宏观动力学方程。它是设计固定化酶反应器和确定其操作条件的理论基础。

第二节　固定化酶的性质

1. 酶的固定化方法

酶的固定化方法很多,但对任何酶都适用的方法是没有的。游离酶经过固定化后变为固定化酶,其性质将发生很大的变化,这种变化很复杂,常因酶的种类、所催化的反应、所用的载体和采用的固定化方法不同而异。酶的固定化方法按用于结合的化学反应的类型进行分类,包括物理结合法、化学结合法和包埋法。另外,还发展出一些更新的固定化方法(图 4-1)。

(1) 物理结合法

① 结晶法:就是使酶结晶从而实现固定化的方法。对于晶体来说,载体就是酶蛋白本身。它提供了非常高的酶浓度。对于活力较低的酶来说,这一点就更具优越性。酶的活力低不仅限制了固定化技术的运用,而且当酶的活力低时,通常使用酶的费用较昂贵。当提高酶的浓度时,就提高了单位体积的活力,并因此缩短了反应时间。但是这种方法也存在局限性,就是在不断的重复循环中,酶会有损耗,从而使得固定化酶浓度降低。

② 分散法:就是通过酶分散于与水不溶的相中从而实现固定化的方法。对

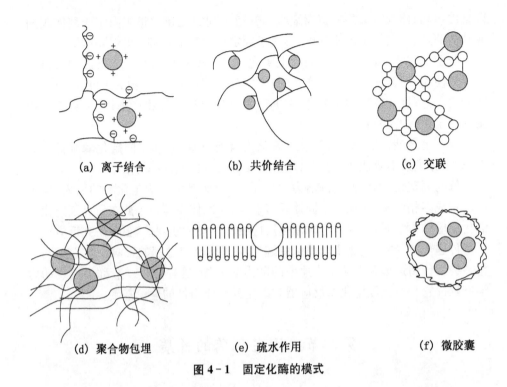

(a) 离子结合　　　　(b) 共价结合　　　　(c) 交联

(d) 聚合物包埋　　　(e) 疏水作用　　　　(f) 微胶囊

图 4-1　固定化酶的模式

于在与水不溶的有机相中进行的反应,最简单的固定化方法是将干粉悬浮于溶剂中,并且可以通过离心的方法将酶进行分离和再利用。然而,如果酶分布不好,将引起传质现象。导致活力低的一个原因是目前还没有完善的酶粉末的保存体系。比如酶由于潮湿和反应产生的水使储存的冻干粉变得发黏并使酶的颗粒较大。另外,在有机溶剂中,酶的构象和稳定性也能影响其活力。对于用在有机溶剂中的固定化酶,有许多途径可以提高它们的反应速率:① 正确的体系和储存状态使酶粉末充分分散,有助于提高活力;② 与亲脂化合物的共价连接能增加酶在有机相中的溶解度。

　　③ 吸附法:是酶被物理吸附于水不溶性载体上的一种固定化方法。此类载体很多,可分为无机载体和有机载体两大类。常用的无机载体有活性炭、多孔玻璃、多孔陶瓷、酸性白土、漂白土、硅胶、膨润土、金属氧化物等,有机载体有淀粉、谷蛋白、纤维素及其衍生物、甲壳素及其衍生物等。物理吸附法具有酶活力中心不易被破坏和酶高级结构变化少的优点,因而酶活力损失很少。若能找到适当的载体,这是一种很好的方法,但是它有酶与载体相互间作用力弱、酶易脱落等缺点。

　　④ 离子结合法:是将酶与含有离子交换基团的水不溶性载体以静电作用力相互结合的固定化方法。常用的阴离子交换剂载体有 DEAE-纤维素、DEAE-葡聚糖凝胶等;阳离子交换剂载体有 CM-纤维素、IRC-50、CG-50 等。离子结合法的优点是操作简单,操作条件温和,酶的高级结构和活性中心的氨基酸不易被破坏,能得到酶活力回收率较高的固定化酶;缺点是载体和酶的结合力较弱,容易受缓冲液的种类或 pH 的影响,在离子强度高的条件下反应时,酶往往会从载体上脱落。

　　(2) 化学结合法

　　① 共价结合法:是将酶与聚合物载体以共价键结合的固定化方法,此法研究较为成熟。与载体共价结合的酶的功能基团包括:氨基、羧基、酚基、巯基、羟基、咪唑基等。参与共价结合的氨基酸残基不应是酶催化活性所必需的,否则,往往会造成固定化后的酶活力完全丧失。共价结合法与物理吸附法相比,其优点是酶与载体结合牢固,一般不会因底物浓度高或存在盐类等原因而轻易脱落。但是该方法要求的条件苛刻,操作复杂,而且往往不能得到比活力高的固定化酶,酶活力回收率一般为 30% 左右,甚至底物的专一性等酶的性质也会发生变化,并且制备过程繁杂。

　　② 交联法:是通过双功能或多功能基试剂与酶分子之间交联的固定化方法。此法与共价结合法一样,也是利用共价键固定化酶,所不同的是它不使用载体。这种方法是通过双功能或多功能试剂在酶分子之间形成共价键,把酶蛋白分子彼此交联起来,形成立体化网状结构的固定化酶。这种聚集体完全不溶于水,并且不需要使用载体。

　　交联使用的试剂可以是具有两种相同的功能基团(均一双功能试剂),或具有两种或两种以上不同功能基团(杂或非均一多功能试剂)。后者在将酶结合到不溶性载体上的应用要比在分子间交联反应中使用得更普遍。经常使用的试剂有以下几种:① 通过与赖氨酸残基形成席夫碱的戊二醛;② 通过重氮耦联反应与 L-赖氨酸、L-半胱氨酸、L-络氨酸、L-组氨酸、L-精氨酸残基反应形成酰胺键(肽键)的异氰酸酯;③ 发生重氮耦合反应的双重氮联苯胺等。其中戊二醛是目前最广泛使用的交联剂之一。蛋白质由戊二醛形成的交联网络经常是不可逆的,并且能够经受得住 pH 或温度的剧烈变化。但这种方法的缺点是,反应条件比较剧烈,酶活力较低,很少单独使用。如果能降低交联剂浓度和缩短反应时间,将有利于固定化酶活力的提高。

　　(3) 包埋法

　　包埋固定化方法是把酶定位于聚合物材料或膜的格子结构中(多孔载体)有

限的空间内。酶在该空间内的行动受到限制,不能随意地离开或进入周围介质中,这样可防止酶蛋白的释放,但底物和产物则能自由地进入这个空间。包埋法一般不需要与酶蛋白的氨基酸残基进行结合反应,很少改变酶的高级结构,酶活力回收率较高,可用于包埋各种酶、微生物细胞和具有不同大小、不同性质的细胞器。但是在包埋时发生化学聚合反应,酶容易失活,必须巧妙设计反应条件。由于只有小分子可以通过网络扩散,并且这种扩散阻力会导致固定化酶动力学行为的改变,降低酶活力,因此包埋法只适合作用于小分子底物和产物的酶,对于那些作用于大分子底物和产物的酶是不适合的。

包埋法一般可分为网格型和微囊型两种。将酶包埋于高分子凝胶细微网格内的称为网格型;将酶包埋在高分子半透膜中的称为微囊型。

① 网格型:用于此法的高分子化合物有聚丙烯酰胺、聚乙烯醇和光敏树脂等高分子化合物,以及淀粉、明胶、卡拉胶、胶原、大豆蛋白、壳聚糖、海藻酸钠等天然高分子化合物。前一类常采用在酶存在下聚合合成高分子的单体或预聚物的方法,后一类常采用溶胶状天然高分子物质在酶存在下凝胶化的方法。大多数酶可以采用这种方法进行固定。

② 微囊型:将酶包在直径为几微米到几百微米的球形半透聚合物膜内即形成微胶囊化酶。这种固定化的酶是用物理方法包埋在膜内的,只要底物和产物分子的大小能够通过半透膜,底物和产物分子就能够通过膜自由扩散。这种包埋法的主要优点是:使用较小的体积就可以为酶与底物的接触提供极大的表面积;有可能用简单的步骤将多种酶同时固定。但在微胶囊化过程中,用这种固定化方法,酶偶尔可能失活,需要高浓度的酶,所用的某些微胶囊化方法有可能使酶组合在膜壁上,在使用中会有酶漏出。制备微囊型固定化酶常用的方法有以下几种:a. 界面沉淀法。利用某些高聚物在水相和有机相的界面上溶解度极低而形成皮膜将酶包埋的原理。一般是先将含高浓度血红蛋白的酶溶液在与水不互溶的有机相中乳化,在油溶性的表面活性剂的存在下形成油包水型微滴,再将溶于有机溶剂的高聚物加入乳化液中,然后加入一种不溶解高聚物的有机溶剂,使高聚物在油—水界面上沉淀析出,形成膜,将酶包埋,最后在乳化剂的帮助下由有机相移入水相。此法条件温和,酶不易失活,但要完全除去膜上残留的有机溶剂很困难。作为膜材料的高聚物有硝酸纤维素、聚苯乙烯和聚甲基丙烯酸甲酯等。b. 界面聚合法。这是利用界面聚合的原理用亲水性单体和疏水性单体将酶包埋于半透性聚合体中的方法。具体方法是:将酶的水溶液和亲水单体用一种与水不相溶的有机溶剂制成乳化剂,再将溶于同一有机溶剂的疏水单体溶液,在搅拌下加入上述乳化液中;在乳化液中的水相和有机溶剂之间发生聚合反

应,水相中的酶即包埋于聚合体膜内。该法制备的微囊大小能通过调节乳化剂浓度和乳化时的搅拌速率而自由控制,制备过程所需时间非常短。但在包埋过程中由于发生化学反应而会引起某些酶失活。c. 二级乳化法。将一种聚合物溶于一种沸点低于水且与水不混溶的溶剂中,加入酶的水溶液,并用油溶性表面活性剂为乳化剂,制成第一个乳化液。此乳化液属于"油包水"型,把它分散于含有保护性胶质(如明胶、聚丙烯醇和表面活性剂)的水溶液中,形成第二个乳化液。不断搅拌,低温(真空)蒸出有机溶剂,便得到含酶的微囊。常用的高聚物有乙基纤维素、聚苯乙烯等,常用的有机溶剂为苯、环己烷和氯仿。此法制备比较容易,酶几乎不失活,但残留的有机溶剂难以完全除尽,而且膜也比较厚,会影响底物扩散。d. 脂质体包埋法。是近年来研制成功的一种新微囊法,其基本原理是利用表面活性剂和卵磷脂等形成液膜而将酶包埋。其显著特征是底物或产物的膜透过性不依赖于膜孔径的大小,而只依赖于成分的溶解度,因此,可以加快底物透过膜的速度。

③ 其他包埋方法:如辐射包埋法,酶溶解在纯单体水溶液、单体加聚物水溶液或纯聚合物水溶液中,在低温或常温下,用 γ 射线、X 射线或电子束进行辐射,可以得到包埋有酶的亲水凝胶。如 γ 射线引发丙烯醛与聚乙烯膜接枝聚合后,活性醛基可共价固定化葡萄糖氧化酶并呈现良好结果。

(4) 固定化酶的其他方法

① 磁性高分子微球固定化酶:磁性高分子微球指内部含有磁性金属或金属氧化物的超细粉末而具有磁响应性的高分子微球。它是近 20 年发展起来的一种新型功能的高分子材料。磁性高分子微球既可以通过共聚、表面改性等化学反应在微球表面引入多种反应性功能基团,也可通过共价键来结合酶、细胞、抗体等生物活性物质,在外加磁场的作用下,进行加速反应或分离,因而在生物工程、生物医学及细胞学领域有着广阔的前景。在固定化酶体系中,可以用磁性高分子微球作为结合酶的载体。

与非磁性微球相比,磁性高分子微球作为酶固定化载体,具有以下优点:a. 有利于固定化酶从反应体系中分离和回收,操作简单;b. 对于双酶反应体系,当一种酶失活较快时,就可以用磁性材料来固载另一种酶,回收后反复使用,降低成本;c. 磁性载体固定化酶放入磁性稳定的流动床反应器中,可以减少持续反应体系中的操作,适合于大规模连续化操作;d. 利用外部磁场材料固定化酶的运动方式和方向,替代传统的机械搅拌方式,提高固定化酶的催化效率;e. 可以改善酶的生物相容性、免疫活性、亲疏水性;f. 提高酶的稳定性。

② 超声波固定化酶:利用超声波使高分子主链均裂产生自由引发功能性单

体后,再聚合成嵌段共聚物载体,用此载体固定化酶,因此,借助现代技术可使一般性聚合物经功能化改性成为新的酶固定化载体。超声波方法在克服加热反应或放热反应可能导致酶及细胞活性下降方面有良好效果,固定化反应不仅可在温和条件下进行,且随反应温度的降低而加速反应。一些实验研究结果表明:在超声波作用下,酶主链肽键亦可均裂成大分子自由基。大多数酶的溶液经超声波处理后仅部分失活,有少数酶完全不失活。增大酶浓度,加入可保护酶活力性位点的抑制剂,或在反应器中充入某气体(如氢气)等可避免或减少酶的超声失活。

③ 热处理法固定化酶:将含酶细胞在一定温度下加热处理一段时间使酶固定在菌体内而制备得到固定化菌体。热处理法只适用于那些热稳定性较好的酶的固定化。在加热处理时,要严格控制好加热温度和时间,以免引起酶的变性失活。例如,将培养好的含葡萄糖异构酶的链霉菌细胞在 $60\sim65\ ℃$ 的温度下处理 15 min,葡萄糖异构酶全部固定在菌体内。热处理法也可与交联法或其他固定化法联合使用,进行双重固定化。

④ 等离子体技术固定化酶:等离子体技术可使载体单位面积固定化酶的量增大,提高酶结合率。

2. 固定化对酶性质的影响

(1) 固定化后酶活力的变化

固定化酶的活力在多数情况下比天然酶小。在同一测定条件下,固定化酶的活力要低于等摩尔原酶的活力的原因可能是:酶分子在固定化过程中,空间构象会有所变化,甚至影响了活性中心的氨基酸;固定化后,酶分子空间自由度受到限制(空间位阻),会直接影响活性中心对底物的定位作用;内扩散阻力使底物分子与活性中心的接近受阻;包埋时,酶被高分子物质半透膜包围,不能透过膜与酶接近。不过也有个别情况,酶在固定化后反而比原酶活力提高,原因可能是耦联过程中得到化学修饰,或固定化过程提高了酶的稳定性。

(2) 固定化对酶稳定性的影响

酶的稳定性包括酶对各种试剂的稳定性(包括蛋白质变性剂、抑制剂等)、对蛋白酶的稳定性、对热的稳定性、不同 pH(酸度)稳定性、储存稳定性、操作稳定性等。固定化酶的稳定性一般都比游离酶好。固定化酶的稳定性的提高对其实际应用是非常有利的,尤其是酶的热稳定性,因为酶的热失活发生在高温条件下,是酶失活的最主要的原因。稳定性是关系到固定化酶能否实际应用的大问题,在大多数情况下,酶经过固定化后,其稳定性都有所增加,这是十分有利的。

　　首先,固定化酶热稳定性提高。作为生物催化剂,酶也和普通化学催化剂一样,温度越高,反应速率越快。但是,酶是一种蛋白质,一般对热不稳定。因此,实际上不能在高温条件下进行反应,而固定化酶耐热性提高。例如,将巨大芽孢杆菌青霉素酰化酶连接到聚丙烯腈纤维载体上,制成固定化青霉素酰化酶,发现固定化酶的热稳定性优于游离酶。其次,对各种有机溶剂及酶抑制剂的稳定性提高。提高固定化酶对各种有机溶剂的稳定性,使本来不能在有机溶剂中进行的酶反应成为可能。

　　此外,固定化酶对不同 pH 稳定性、对蛋白质稳定性、储存稳定性和操作稳定性都有影响。据报道,有些固定化酶经过储藏,可以提高其活性。

　　固定化酶稳定性提高的原因可能有以下几点:a. 固定化后酶分子与载体多点连接、可防止酶分子伸展变形;b. 酶活力的缓慢释放;c. 抑制酶的自降解,将酶与固态载体结合后,由于酶失去了分子间相互作用的机会,从而抑制了降解。

　　(3) 固定化酶的最适温度变化

　　酶反应的最适温度是酶热稳定性与反应速率综合的结果。酶催化反应都存在一个最佳反应温度,在此温度下进行酶的催化反应,速率最快,高于或低于此温度,反应速率都会有所减慢。酶的最佳反应温度不是酶的特征物理常数,酶经固定化后,大多数情况下,其最佳反应温度会提高,这是因为酶分子固定化后,活力较游离酶的活力降低得缓慢,因而可在较高的温度下获得更快的反应速率。酶的最佳反应速率的增加在实际应用中具有重要的意义。

　　(4) 固定化酶的最适 pH 变化

　　酶固定化后的最佳反应 pH 会发生不同程度的变化,可能有以下三个方面的原因:a. 酶本身电荷在固定化前后发生变化。b. 载体电荷性质的影响致使固定化酶分子内、外扩散层的 H^+ 浓度产生差异,如用带负电和载体制备的固定化酶,其最适 pH 较游离酶偏高,这是由于这类载体会吸引溶液中的阳离子,包括 H^+,使其附着载体表面,结果使固定化酶扩散层 H^+ 浓度比周围的外部溶液高,即偏酸性,这样外部溶液中的 pH 必须向碱性偏移,才能抵消微环境作用,使其表现出酶的最大活力。反之,使用带正电荷的载体,其最适 pH 向酸性偏移。c. 酶催化反应导致固定化酶分子内部形成带电荷微环境。

　　(5) 固定化酶的米氏常数(K_m)变化

　　固定化酶的 K_m 随载体的带电性能变化。当酶结合于电中性载体时,由于扩散限制造成表观 K_m 上升,可是带电载体和底物之间的静电作用会引起底物分子在扩散层和整个溶液之间不均一分布。由于静电作用,与载体电荷性质相反的底物在固定化酶微环境中的浓度比整体溶液的高。与游离酶相比,固定化酶即使在底物浓度较低时,也可达到最大反应速度;而载体与底物电荷相同,就会造成固定化酶的表观 K_m 显著增加。简单地说,由于高级结构变化及载体影响引起酶与底物亲和力变化,从而使 K_m 变化。这种 K_m 变化又受溶液中离子强度影响:离子强度增加,载体周围的静电梯度逐渐减小,变化也逐渐缩小以至消失。

（6）固定化酶的底物专一性

酶经固定化后,其底物专一性的变化一般有以下两种情况:当酶的底物为大分子化合物时,由于酶经固定化后立体障碍显著增加,大分子底物与酶分子的接触受到阻碍,酶的催化活力难以发挥出来,催化活性大大下降;而当酶的底物为小分子化合物时,酶经固定化后,载体与底物之间的立体障碍较小,酶分子与小分子底物的接触较容易,在大多数情况下,底物的专一性不发生变化。

3. 影响固定化酶促反应的主要因素

（1）空间效应

① 构象效应

指在固定化过程中,酶和载体的相互作用引起酶的活性部位发生某种扭曲变形,改变了酶活力部位的三维结构,引起酶分子活性中心或调节中心的构象发生变化,导致酶与底物的结合力下降(图 4 - 2)。

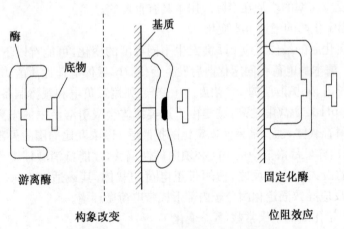

图 4 - 2　固定化酶的构象改变与位阻效应

② 位阻效应

由于载体的遮蔽作用或固定化方法不当,给酶的活性中心或调节中心造成空间障碍,使底物和酶无法接触(图4-2)。

③ 微扰效应

由于载体的亲水性、疏水性、介电常数等,使酶所处的微环境与宏观环境不同,从而改变了酶的催化能力或酶对效应物的调节能力(图4-3)。

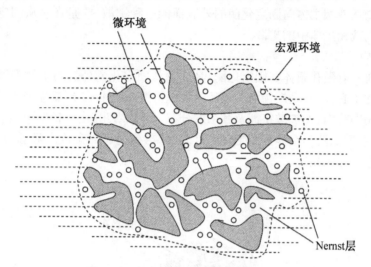

微环境

宏观环境

Nernst层

图4-3　固定化酶的微环境与宏观环境

(2) 分配效应

当固定化酶处在反应体系的主体溶液中时,反应体系成为固液非均相体系。分配效应是由于固定化酶的载体与底物之间亲水性、疏水性及静电作用等引起固定化酶载体内部底物或产物浓度与溶液主体浓度不同,微环境和宏观环境之间物质的不等分配,从而影响酶促反应速率的一种效应。分配效应可用分配系数 K_p 定量描述。

微环境指在固定化酶附近的局部环境,而宏观环境指主体溶液。分配系数 (K_p) 定义为载体内、外底物(或其他物质)浓度之比。K_p 的测定:在已知底物浓度 $([S_0])$、体积 (V_0) 的溶液中,放入不含底物的一定体积的载体,并保持适宜条件,当达到平衡时,测定载体外溶液的底物浓度 $([S])$ 后计算载体内、外底物浓度的比值。

(3) 扩散效应

由于底物、产物或其他效应物的迁移和传递速率所受到的限制,当物质扩散系数很低、酶活力较高时,在固定化酶周围形成浓度梯度,造成微观环境和宏观环境间底物、产物浓度产生差别。固定化酶对底物进行催化反应时,底物必须从主体溶液传递到固定化酶内部的催化活性中心处,反应得到的产物又必须从酶催化活性中心传递到主体溶液中。扩散限制效应可分为外扩散限制效应和内扩散限制效应。

① 外扩散

底物从液相主体向固定化酶的外表面的一种扩散,或是产物从固定化酶的外表面向液相主体中的扩散。

② 内扩散

指对一有微孔载体的固定化酶,其底物从固定化酶外表面扩散到微孔内部的酶催化中心处,或是产物沿着相反途径的扩散。图4-4形象地表示了一球形固定化酶颗粒内、外扩散特征及其浓度分布。可以看出,由于扩散限制效应的存在,底物浓度从液相主体到固定化酶外表面,再到内表面是依次降低的,而产物浓度分布则与此相反。

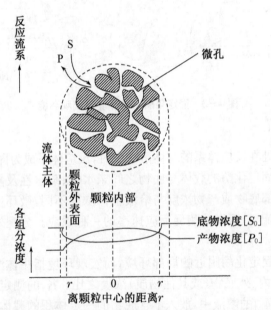

图4-4 固定化酶载体内及其周围的物质传递及浓度分布(没有分配效应)

对固定化酶动力学,不仅要考虑固定化酶本身的活性变化,而且还要考虑到底物等物质的传质速率影响。因此对一个实为非均相(液—固)体系所建立的宏观动力学方程不仅要包括酶的催化反应速率,还要包括传质速率。不同因素对酶动力学影响结果如图4-5。

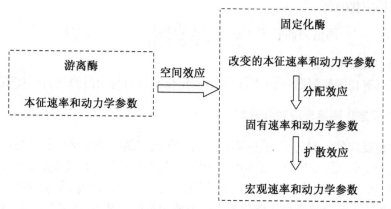

图 4 - 5　非均相体系中不同因素对酶动力学的影响

4. 酶固定化的效率评价

（1）固定化酶的活力和比活力

固定化酶通常呈颗粒状，一般用于测定游离酶活力的方法改进后才能用于测定固定化酶。固定化酶的比活力用每克干固定化酶所具有的酶活力单位或单位面积的酶活力单位表示(酶膜、酶管、酶板)。

（2）操作半衰期

固定化酶的操作半衰期指连续测活条件下固定化酶活力下降为最初活力一半所需要的时间($t_{1/2}$)，是衡量固定化酶稳定性的重要指标。如果固定化酶的动力学仍服从米氏方程,则可以通过米氏常数的大小来反映酶固定化前后活力的变化。大多数酶固定化后,其 K_m 值增加,表示催化反应活力下降。也有少数酶固定化后活力无变化,甚至有所增加。这种活力变化可用两种指标来衡量,即酶结合效率和酶活力回收率。

（3）酶结合效率

指实际测定的固定化酶总活力与被固定化的酶在游离状态时的总活力之比。

$$酶结合效率 = \frac{加入的总酶活力 - 未结合的酶活力}{加入的总酶活力} \times 100\%$$

（4）酶活力回收率

指实际测定的固定化酶总活力与固定化时所用到的全部游离酶的活力之比,或称耦联效率、活力保留百分数。这两种指标的差别在于是否考虑了所剩余的未被固定化的酶。

$$\text{酶活力回收率} = \frac{\text{固定化酶活力}}{\text{被固定化游离酶的活力}} \times 100\%$$

（5）相对酶活力

指具有相同酶蛋白（或 RNA）量的固定化酶活力与游离酶活力的比值。

5. 固定化酶促反应过程分析

催化反应的一般历程：液—固相表面催化反应是一个多步骤的过程，至少要经历五个步骤：① 反应物从液相向固相催化剂表面扩散；② 反应物被催化剂表面吸附；③ 反应物在催化剂表面上进行化学反应并生成产物；④ 产物从催化剂表面脱附；⑤ 脱附的产物从催化剂表面向液相扩散。其中，①和⑤为扩散过程，②和④为吸附和脱附过程，③是表面化学反应过程。每一步都有各自的动力学规律，总的催化反应速率由最慢的步骤决定。如果反应系统的液流足够大而催化剂的颗粒度又足够小，则可以忽略扩散作用的影响；如果反应物的吸附和产物的脱附也很快达到平衡，则该多相催化反应的速率就只由第三步即表面化学反应的速率所决定。

这里讨论外部扩散过程：

当固定化酶促反应受外部扩散限制时，固定化酶表面处底物浓度$[S_s]$小于主体溶液底物浓度$[S_b]$，因此固定化酶促反应速率 v_{out} 小于未固定化时的酶促反应速率 v_0。根据酶催化反应动力学，有 $v_{out} = \dfrac{v_{max}[S_s]}{K_m + [S_s]}$ （4-1）

$$v_0 = \frac{v_{max}[S]}{K_m + [S]} \tag{4-2}$$

$[S] \gg K_m$ 时，$v_{out} \approx v_0$。

以表面固定化酶为例，主体溶液底物浓度为$[S_b]$，载体外表面底物浓度为$[S_s]$。

对外扩散过程进行分析，外扩散速率 $J_s = k_L a([S_b] - [S_s])$ （4-3）

达到平衡时，$J_s = v_{out}$，即 $\dfrac{v_{max}[S_s]}{K_m + [S_s]} = k_L a([S_b] - [S_s])$ （4-4）

由式（4-4）可唯一确定$[S_s]$。$[S_s]$也可用图解法确定（图 4-6）。$v \sim [S_b]$ 曲线与 $Js \sim [S_b]$ 曲线交点即为（$[S_b]$，v_{out}）。

用外扩散效率因子 η_{out} 表示外扩散对固定化酶促反应的影响。记作：

$$\eta_{out} = \frac{v_{out}}{v_0} \tag{4-5}$$

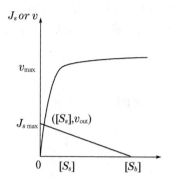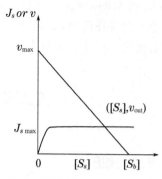

图4-6　图解法求固定化酶表面底物浓度

可见,只要确定了固定化酶表面浓度$[S_s]$,即可计算外扩散效率因子η_{out}。图4-6可以看出:当$v_{max} \gg J_{s,max}$时,$[S_s] \to 0$,$\eta_{out} \to 0$;

当$v_{max} \ll J_{s,max}$时,$[S_s] \to [S_b]$,$\eta_{out} \to 1$。

D_a是固定化酶催化反应外扩散效应影响的主要判断依据,D_a为丹克莱尔(Damkohler)准数,为无因次量,是最大反应速率和最大传质速率的比值,即:

$$D_a = \frac{v_{max}}{J_{s,max}} = \frac{v_{max}}{k_L a [S_b]} \tag{4-6}$$

令$\overline{s}_s = \frac{[S_s]}{[S_b]}$,$\overline{K} = \frac{K_m}{[S_b]}$,代入式(4-6)整理得:

$$D_a = \frac{(1-\overline{S}_s)(\overline{K}+\overline{S}_s)}{\overline{S}_s} \tag{4-7}$$

表明$\overline{S}_s$为准数D_a的函数,即$\overline{S}_s = f(D_a)$

当$D_a \gg 1$时,$[S_s] \to 0$,$\eta_{out} \to 0$,过程为外扩散控制。

当$D_a \ll 1$时,$[S_s] \to [S_b]$,$\eta_{out} \to 1$,过程为反应控制。

将$\overline{S}_s$代入式(5),得$\eta_{out} = \dfrac{v_{out}}{v_0} = \dfrac{\dfrac{v_{max}[S_s]}{K_m+[S_s]}}{\dfrac{v_{max}[S_s]}{K_m+[S_b]}} = \dfrac{[S_s]}{K_m+[S_s]} = \dfrac{\overline{S}_s}{\overline{K}+\overline{S}_s}$ $\tag{4-8}$

($[S] \gg K_m$时,$v_0 = v_{max}$)表明$\eta_{out} = g(\overline{S}_s)$。

可见,D_a准数是决定效率因子η_{out}和比浓度$\overline{S}_s$的唯一参数,因而是表征传质过程对反应速率影响的基本准数。D_a准数越小,固定化酶表面浓度越接近于主体浓度$[S_b]$,越接近于1。D_a准数越大,固定化酶表面浓度越趋于零,η_{out}越小,η_{out}越趋近于零。

为提高固定化酶外扩散效率,应设法减小D_a准数。由公式(4-6)可以看

出减小 D_a 准数的措施:① 降低固定化酶颗粒的粒径,增加比表面积,但是由于粒径减小会伴随压降增加,因此应用中要综合考虑,确定合适的粒径。② 使固定化酶表面流体处于湍流状态以增大 k_L。

第三节　固定化细胞

1. 固定化细胞

固定化细胞是在固定化酶的基础上发展起来的新技术,即一项利用物理或化学手段将游离的微生物(细胞)或酶,定位于限定的空间区域,并使其保持活性且能反复利用的技术。

由于固定化细胞保持了细胞的生命活动能力,它不但比游离细胞的发酵更具有优越性,而且比固定化酶有更多的优点,因为固定化细胞省去了制备酶或含酶细胞处理过程所需要的完整酶系,并能不断产生新酶及其所需的辅助因子,而且固定化方法简单,成本也较低。

固定化细胞技术是用于获得细胞的酶和代谢产物的一种方法,起源于 20 世纪 70 年代,是在固定化酶的基础上发展起来的新技术。狭义上说,指直接把微生物细胞固定化。广义上说,微生物细胞所具有的酶系相当于被一层层具有选择透过性的细胞膜和质膜所包埋,这些酶本身就是固定化酶。由于固定化细胞能进行正常的生长、繁殖和新陈代谢,所以又称固定化活细胞或固定化繁殖细胞。通过各种方法将细胞和水不溶性载体结合,制备固定化细胞的过程称为细胞固定化。微生物细胞、动物细胞、植物细胞都可以制成固定化细胞。

2. 制备固定化细胞的方法

细胞的种类多种多样,大小和特性各不相同,故此细胞固定化的方法有很多种。归结起来,主要可以分为吸附法和包埋法两大类。

(1) 吸附法

利用各种吸附法,将细胞吸附在其表面而使细胞固定的方法称为吸附法。用于细胞固定化的吸附法主要有硅藻土、多孔陶瓷、多孔玻璃、多孔塑料、金属丝网、微载体和中空纤维等。例,酵母细胞带负电荷,在 pH 为 3~5 的条件下能够吸附在多孔陶瓷、多孔塑料等载体的表面,制成固定化细胞,用于酒精和啤酒等的发酵生产;在环境保护领域内使用的活性污泥中含有各种各样的微生物,这些微生物可以沉积吸附在硅藻土、多孔玻璃、多孔陶瓷、多孔塑料等载体的表面,用于各种有机废水的处理,降低废水中的化学需氧量(COD)和生化需氧量(BOD);各种霉菌会长出菌丝体,这些菌丝体可以吸附缠绕在多孔塑料、金属丝网等载体上用于生产有机酸和酶类;植物细胞可吸附在中空纤维外壁,用于生产色素、香精、药物和酶等次级代谢产物;动物细胞大多属于贴壁细胞,必需依附在固体表面才能正常生长,故可吸附在容器壁、微载体、中空纤维外壁等载体上,制成固定化细胞,用于各种蛋白质的生产。

(2) 包埋法

将细胞包埋在多孔载体内部而制成固定化细胞的方法称为包埋法。包埋法可分为凝胶包埋法和半透膜包埋法。凝胶包埋法是应用最广泛的细胞固定化方法。

目前,新的固定化细胞的方法也不断涌现,一般认为,理想的固定化细胞的制备方法应具备如下特点:

① 应该能够控制固定化细胞的大小和孔隙度;

② 固定化所使用的原料应该便宜、易得,固定化成本尽量低;

③ 固定化方法简单、易行,固定化过程应尽可能温和,尽量少损伤细胞;

④ 固定化细胞应具有稳定的网状结构,在所使用的 pH 值和温度下,不会被破坏;

⑤ 固定化细胞应具有良好的机械稳定性和化学稳定性;

⑥ 载体对细胞应该是惰性的,即不损伤细胞;

⑦ 固定化细胞应该使底物、产物和其他代谢产物能自由扩散;

⑧ 单位体积的固定化细胞应该拥有尽可能多的细胞。

3. 固定化细胞的性质

固定化细胞主要具有以下几个优点:① 不需要将酶从微生物细胞中提取出来并加以纯化,酶活力损失小、成本低;② 细胞生长停滞时间短,细胞多、反应快,抗污染能力强,可以连续发酵,反复使用,应用成本低;③ 酶处于天然细胞的环境中,稳定性高;④ 使用固定化酶细胞反应器,可边加入培养基,边培养排出发酵液,能有效地避免反馈抑制和产物消耗;⑤ 适合于进行多酶顺序连续反应;⑥ 易于进行辅助因子的再生,因而更适合于需要辅助因子的反应,如氧化还原反应、合成反应等。

当然,固定化细胞也存在一些缺点,主要表现为:必须保持菌体的完整,防止菌体自溶,否则会影响产物的纯度;必须抑制细胞内蛋白酶的分解作用;由于细胞内多种酶存在,往往有副产物形成。为防止副产物必须抑制其他酶活力;细胞膜或细胞壁会造成底物渗透与扩散的障碍。

固定化细胞与固定化酶、游离细胞的比较,其特点具体如下:

① 既不把酶从微生物中抽提出来,也不对其进行提纯处理;

② 固定化细胞可以消除酶所固有的不稳定性带来的困难;

③ 使用固定化细胞,可获得较高的酶稳定性;

④ 使用固定化细胞,有利于反应的连续化;

⑤ 当产物的生物合成并非与菌体生长有关时(如抗生素发酵),只要提供所要产物必需的前提物质。

4. 固定化细胞的特性

(1) 形态学特征

固定化细胞多为球形颗粒,但也有制成立方块或膜状的。用吸附法时,则取决于吸附物质的性状。在球形固定凝胶内,细胞的分布并不均匀,而是接近于球的外表面。有时细胞会在凝胶内的小泡中繁殖,直到最后充满整个可利用的空间。

(2) 生理学特征

固定化细胞必须具有生命活力,因此创造良好的细胞载体或基质,选择恰当的固定化方法和生物反应器、最佳的反应溶液和周围微环境,维持细胞适度的生长和繁殖等尤为重要。如果生长繁殖过度,容易使细胞泄露出来,增加扩散障碍。破坏固定细胞的载体或基质。

(3) 理化环境特征

固定化细胞的微环境对固定化细胞活力的发挥有很大的影响。如丙乙烯醇已经用于降低固定化细胞内水的活度、水的吸附程度并影响微生物细胞的吸附。固定化细胞的呼吸生长速率、扩散速率以及代谢作用等。

(4) 生物膜的动力学特征

微生物细胞首先吸引到物体表面,继而分泌出黏性高分子物质,将细胞牢固地黏附在物体表面上。此后,继续由微生物细胞分泌一些化合物,逐渐形成微生物膜。

第四节 固定化酶、固定化细胞的应用

20世纪70年代后迅速发展起来的固定化酶、固定化细胞技术的应用研究

已扩展到各个领域。在食品、发酵、化学工业中,用于各种化学物质如有机酸、氨基酸、激素、杆菌肽、核酸类等物质;在医学上,用于治疗酶缺乏、代谢异常等病症;在化学分析、临床诊断方面,用来快速、灵敏地测定如葡萄糖、尿素、过氧化物等物质;在亲和层析中,利用生物大分子对某些小分子物质的特意亲和性来分离、制备各种生物大分子或其相应的小分子物质,其应用领域日益拓宽。

1. 固定化酶、细胞在各个领域中的应用及其特征

固定化酶、细胞的应用研究从固定化单一酶进行简单的一步催化反应开始,到同时固定化两个或两个以上的酶、固定化酶—辅酶,通过酶的耦联来拆分一步反应时的高活化能峰,或利用辅酶耦入能量使热力学上难以进行或不可能发生的反应得以顺利进行。后发展起来的固定化细胞技术则不仅在对固定化复杂、体外不稳定、容易失活的酶的利用上创造了方便有利的条件和方法,而且还能利用活细胞的部分或完整代谢系来完成所需物质的生产。

特别是在固定化酶、细胞的研究中发展起来的应用生物大分子特异性的亲和层析技术,已经远远地超越了利用酶或微生物进行催化反应的范畴,如抗体、抗原的提纯是利用了特异性的免疫吸附反应,酶的提纯是利用了如酶抑制剂可与酶特异结合的性质等。固定化酶、固定化细胞在各个领域中的应用实例如表4-1所示。

表4-1　固定化酶、固定化细胞在各个领域中的应用举例

用途或目的产物	固定化酶、细胞	固定化方法	反应类型
L-氨基酸	氨基酰化酶	DEAE 葡聚糖离子结合	单酶
高果糖浆	链霉素	加热、交联	单酶
L-天冬氨酸	大肠杆菌	卡拉胶包埋	单酶
6-氨基青霉烷酸	青霉素酰胺酶	吸附—交联	单酶
L-苹果酸	黄色短杆菌	卡拉胶包埋	单酶
氢化波尼松	简单节杆菌	海藻酸钙包埋	静止细胞(多酶)
辅酶 A	产氨短杆菌	聚丙烯酰胺包埋	死细胞(多酶)
ATP	酵母	聚丙烯酰胺包埋	死细胞(多酶)
杀假丝菌素	灰色链霉菌	胶原膜包埋	静止细胞(多酶)
谷胱甘肽	酵母	聚丙烯酰胺包埋	静止细胞(多酶)

(续表)

用途或目的产物	固定化酶、细胞	固定化方法	反应类型
乙醇	酵母	卡拉胶包埋	生长细胞(多酶)
杆菌肽	芽孢杆菌	海藻酸钙包埋	生长细胞(多酶)
医疗			
过氧化氢酶缺乏症	过氧化物酶	火棉胶微胶囊	单酶
癌症	天冬酰胺酶	尿素聚合物微胶囊	单酶
人工肾	尿素酶	离子交换树脂微胶囊	单酶
分析、诊断			
酶试剂	过氧化物酶	共价结合于纸片上	单酶
	葡萄糖氧化酶和过氧化物酶	共价结合于纸片上	双酶
葡萄糖酶电极	葡萄糖氧化酶	聚丙烯酰胺凝胶膜包埋	单酶
尿素酶电极	尿素酶	聚丙烯酰胺凝胶膜包埋	单酶
赖氨酸酶电极	赖氨酸脱羧酶	聚丙烯酰胺凝胶膜包埋	单酶
谷氨酸酶电极	谷氨酸脱氢酶和乳酸脱氢酶	聚丙烯酰胺凝胶膜包埋	双酶
乙醇酶电极	酶氧化酶	聚丙烯酰胺凝胶膜包埋	双酶
亲和层析(固定化物)			
单抗胰岛素抗体	胰岛素	琼脂糖凝胶	免疫吸附
肿瘤的抗体	纤维肉瘤细胞	琼脂糖凝胶	免疫吸附
乙型肝炎抗原	乙型肝炎抗血清	琼脂糖凝胶	免疫吸附
羊的生乳激素	抗生乳激素	琼脂糖凝胶	免疫吸附
乙酰胆碱酯酶	ε-氨己酰—对氨基苯三甲基胺	琼脂糖凝胶	特异亲和
羧肽酶 A	L-络氨酸-D-色氨酸	琼脂糖凝胶 2B	特异亲和
天冬酰胺酶	D-天冬酰胺	琼脂糖凝胶 4B	特异亲和
Kunitz 抑制剂	糜蛋白酶	琼脂糖凝胶 6B	特异亲和
固定化细胞器			
2ADP $\longrightarrow$ ATP+AMP	酵母线粒体	感光性交联树脂包埋	多酶
H_2	蓝绿藻叶绿体	戊二醛交联	多酶
$2H_2O \longrightarrow O_2 + 2H_2$	大豆叶绿体	戊二醛交联	多酶

由上述例子可以看出,固定化酶、固定化细胞的研究、应用领域极为广阔。

2. 固定化酶、固定化细胞的工业化应用实例

在工程上,要求用于工业上生产的固定化酶、固定化细胞具备制造简便、活性高、稳定性好、活力降低可再生等特征。根据目的灵活地选择被固定化物是酶还是细胞以及运用固定化方法能够获得上述特征的固定化酶或细胞。酶、细胞经固定化后投入实际应用,其整个技术具有以下特点:

① 可持续、稳定地生产;

② 反应产物的纯度高,质量好;

③ 生产的副产物少(当利用固定化细胞可通过适当处理技术使其他酶系失活);

④ 反应的动力学常数、反应的最佳 pH 和反应温度有可能按意愿经固定化予以调整;

⑤ 固定化酶、细胞在使用时可以再生或回收(过滤、密度分选、离心分离、磁力分选),可反复使用;

⑥ 容易实现连续自动控制,节约劳动力;

⑦ 能大大提高酶、细胞的比生产能力。

(1) DL-氨基酸的光学拆分

L-氨基酸在食品、医药等方面的应用非常广泛,并且需要量不断增加。然而,作为生产氨基酸的方法之一,化学合成法所生产的氨基酸是 DL 型,为了获得 L-氨基酸就必须进行光学拆分。用氨基酰化酶来进行 DL-氨基酸的光学拆分可制得光学纯度好、收率高的 L-氨基酸。

DL-氨基酸的酸法光学拆分是先将合成法制得的 DL-氨基酸的 N-酰化衍生物,用氨基酰化酶进行不对称水解,然后再利用生成的 L-酰化-D-氨基酸的溶解度之差分离出来。其反应方程如下:

$$DL\text{—R—CHCOOH} + H_2O \xrightarrow{\text{氨基酰化酶}}$$
$$\underset{\text{NHCOR}'}{\mid}$$

酰化-DL-氨基酸

$$L\text{—R—CHCOOH} + D\text{—R—CHCOOH}$$
$$\underset{\text{NH}_2}{\mid} \qquad\qquad \underset{\text{NHCOR}'}{\mid}$$

L-氨基酸　　　　　　酰化-D-氨基酸

1969 年日本田边制药便采用固定化氨基酰化酶来连续拆分乙酰-DL-氨基

酸,工业生产蛋氨酸、苯丙氨酸、缬氨酸、色氨酸、丙氨酸等各种光学活性氨基酸,也是世界上固定化酶用于工业生产的最早的例子。其生产流程如图4-7所示。

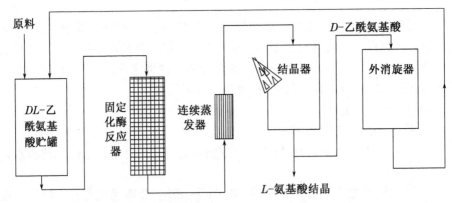

图4-7 固定化酶光学拆分 DL-氨基酸生产流程

显而易见,该项技术的关键是制造出适合于工业化要求的固定化酶。比较用不同方法固定化的氨基酰化酶的特性(见表4-2)。

表4-2 各种固定化氨基酰化酶的一些特性

特　性	固定化氨基酰化酶		
	以离子键吸附于 DEAE-葡聚糖凝胶	以共价键结合于碘乙酰纤维素	聚丙烯酰胺凝胶包埋
制备	容易	困难	中等
酶活性	高	高	高
固定化成本	低	高	中等
结合力	中等	强	强
操作稳定性	高	—	中等
再生	能够	不能	不能

可见,将氨基酰化酶以离子键吸附于 DEAE-葡聚糖凝胶上的固定化氨基酰化酶的性能最为优越。用该固定化氨基酰化酶,在50 ℃的条件下,连续使用30 d,仍保持60%～70%的活性。酶柱活性下降时,可补加酶溶液进行简单的再生。使用期长达5年,酶的吸附力、性状、压力损失等也不会发生变化。

使用这种稳定的固定化酶进行连续反应,比起使用液态酶来,不仅可提高酶的单位生产效率,而且在反应液中也不含蛋白质或色素等杂质,反应产物容易分离、收率较高,底物用量也少。在该生产技术中,即使使用了价格比较高的DEAE-葡聚糖凝胶作为固定化载体,其生产成本也大大降低,如图 4-8 所示。其优势如下:用酶量大幅度减少;连续、自动控制使劳动强度降低,节约了劳务开支;转化率、提取收益的提高节省了原料;虽然能源消耗上升,但总的生产成本大幅度下降,总成本降低 40% 左右。

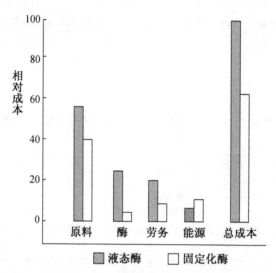

图 4-8　乙酰-*DL*-氨基酸光学拆分的生产成本比较

（2）固定化细胞生产 *L*-天冬氨酸

L-天冬氨酸在医药、食品和化工等方面有着广泛的用途。在医药方面,可用于治疗心脏病、肝脏病、糖尿病、与 *L*-鸟氨酸一起可用于治疗急、慢性肝炎,改善肝脏手术前后的机能,可与多种氨基酸一起用于制成 *L*-天冬氨酸—苯丙氨酸甲酯或乙酯,作为无毒、高甜度的人工甜味剂。在化学工业中,*L*-天冬氨酸可以作为制造合成树脂的原料,用它的衍生物处理尼龙、聚氯乙烯、聚醚等纤维,风干后可显著降低纤维的电阻和摩擦生电的电压;*L*-天冬氨酸的衍生物还可以合成良性表面活性剂以及用于治疗角化性皮炎、防止皮肤老化、使老化皮肤滋润的化妆品制造中。

用固定化大肠杆菌从石油化工合成副产物反丁烯连续制造天冬氨酸的方法,是近代工业化应用固定化细胞的最早实例。

千畑一郎等在工业上实际应用天冬氨酸氨基转移酶制造天冬氨酸时发现,该菌从菌体里提取出来就不稳定,即使经固定化,酶活性也迅速降低,如图 4-9

所示。在这种情况下,用于工业上效果很差。而采用直接固定化微生物菌则效果好很多,采用这种方法,既省去了从微生物菌体中分离提取酶的操作,也发挥了它的长处,把酶的损失降低到最低限度。

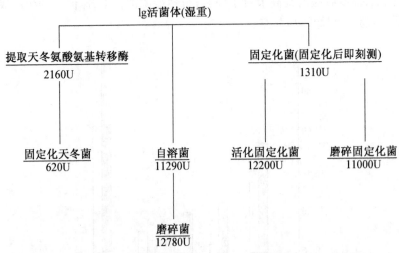

图4-9 不同处理后单位质量菌体的田东氨酸氨基转移酶活力比较

在装有固定化菌体的反应柱内,在天冬氨酸氨基转移酶的作用下,可发生如下反应:

$$HOOCCH=CHCOOH+NH_3 \xrightarrow{\text{天冬氨酸氨基转移酶}} HOOCCH_2CH-COOH$$
$$|$$
$$NH_2$$

反丁烯二酸 L-天冬氨酸

反应后的液体中没有菌体、蛋白质等杂质,所以,只要依照图4-10,把反应后液体的pH调到L-天冬氨酸的等电点附近(pH 2.8~3.0),就可比较容易地制取高纯度成品,而且收率较高。

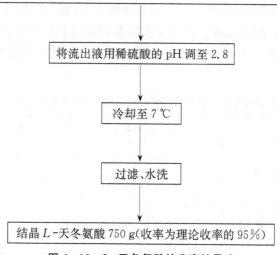

在 37 ℃下,在固定化大肠杆菌反应柱(10 cm×100 cm)中,以 SV(占空速度)0.6 h^{-1} 流速通入 1 mol/L 反丁烯二酸铵(富马酸铵)(1 mmol/L Mg^{2+}、pH 8.5)反应液

将流出液用稀硫酸的 pH 调至 2.8

冷却至 7 ℃

过滤、水洗

结晶 L-天冬氨酸 750 g(收率为理论收率的 95%)

图 4 - 10　L-天冬氨酸的分离结晶法

SV(占空速度)——单位时间通过单位反应器容积的物料体积(h^{-1})

当用聚丙烯酰胺凝胶包埋法制备的固定化大肠杆菌混悬于底物溶液中,在 37 ℃条件下放置 48 h,则可使固定化菌体的天冬氨酸氨基转移酶活性提高 10 倍。活性提高的原因可能是:

① 由于菌体被混悬于底物溶液后,处于产酶的最佳环境,从而增加了酶的含量;

② 由于菌体的自溶,使底物或反应产物易于通过细胞膜,从而提高酶的活性。

利用蛋白质合成抑制剂氯霉素进行研究,结果表明,即使在蛋白质合成完全中止后,酶活性仍在增加,而且发现,由于活化作用,固定化菌体对氧的吸收和葡萄糖的消耗几乎完全停止,这说明活化增强了凝胶内菌体的自溶。利用电子显微镜观察到活化后菌体明显发生了自溶现象。可见活化升高是由于菌体的自溶而增强了底物和反应物的通透性。进一步的研究表明,未固定化的活菌体混悬于底物溶液也可导致菌体自溶,其活性几乎与活化后的固定化菌体相同,而且把自溶后的菌体磨碎,活性也未明显提高。

研究还发现,锰、镁、钙等 2 价金属离子对固定化菌体的酶活力有稳定作用。将固定化菌体装入反应柱内,通过底物溶液(反丁烯二酸铵溶液)进行连续酶的反应,活力会迅速下降,而通过含上述任何一种 2 价金属离子的底物溶液中,活力则很稳定,在 37 ℃下迅速进行反应,其活力半衰期为 120 d。

1973 年末,日本田边制药公司将此技术用于工业化生产。1978 年又改进角叉菜聚糖(卡拉胶)凝胶包埋法代替聚丙烯酰胺凝胶包埋法生产 L-天冬氨酸,L-天冬氨酸酶的活力与聚丙烯酰胺凝胶包埋法相比,其生产能力提高了 15 倍,见表 4-3。

表 4-3 不同固定化方法对固定化大肠杆菌生产 L-天冬氨酸能力的影响

固定化方法	天冬氨酸氨基转移酶活力/(U/g 菌体)	在 37 ℃连续反应的半衰期/d	相对生产能力
聚丙烯酰胺凝胶包埋法	18 880	120	100
角叉菜聚糖凝胶包埋法(分以下 3 种处理方法)			
不经过硬化处理	56 340	70	174
戊二醛处理	37 460	240	397
戊二醛和六亚甲基二胺处理	48 400	630	1498

(3) 固定化增殖细胞生产乙醇

乙醇发酵需要大型发酵罐,设备繁杂,操作困难,因此,除间歇发酵外尚采用连续发酵、酵母再循环使用等操作方法,但结果不够理想。自固定化酶、固定化细胞技术发展以来,应用固定化细胞进行连续发酵乙醇的技术日益成熟,乙醇发酵时间由传统的 36 h(平均停留时间)缩短至 3 h 以下,乙醇发酵能力为 20～50 g/(L·h),而传统方法仅为 2 g/(L·h)。若以细菌——运动发酵单胞菌代替酵母,则乙醇生产能力可达 120～150 g/(L·h)。

在固定化酵母发酵制备乙醇的研究中,日本千畑一郎发现角叉菜聚糖为包埋材料比聚丙烯酰胺凝胶优越得多,同时又发现固定化增殖酵母比固定化静止细胞优越得多。固定化增殖细胞的制备方法是将每毫升角叉菜聚糖凝胶含 5×10^4 个酵母细胞的固定化酵母装入反应柱中,将培养基通入此柱中 2 d,使凝胶中酵母数目增殖 1 000 倍,即每毫升凝胶含 5.6×10^9 个酵母细胞。然后将含 10% 的葡萄糖的培养基溶液通入柱中进行连续发酵,在 1 h 内葡萄糖完全发酵生成乙醇,发酵液的乙醇含量为 50 g/L。转化率几乎达到理论上的 100%,其发酵能力强,固定化凝胶中的活细胞数目和乙醇生产能力可维持 90 d 之久。如将同一数目的酵母用角叉菜聚糖包埋,而不经过增殖阶段,则在同一条件下进行连续酒精发酵,结果乙醇生产能力相差甚多,见表 4-4。

表 4-4　固定化增殖酵母与固定化静止酵母的乙醇生产能力的比较

	活酵母数目/(个/mL)	乙醇生成能力/[g/(L·h)]
固定化增殖酵母	$5.4×10^9$	50.0
固定化静止细胞	$5.6×10^9$	18.7

此外,按上述方法,将葡萄糖浓度由 10％逐渐提高至 15％、20％、25％,则发酵液中乙醇含量最高可达 114 g/L。

Arcuri 等将运动发酵单胞菌 ATCC10988 用玻璃纤维吸附,使用由葡萄糖 5.0％～20.0％及酵母膏 0.5％配成培养基,连续发酵 28 d,最大乙醇发酵生产能力 152 g/(L·h),停留时间为 10～15 min。特别是当细菌成凝块时,乙醇生产力最大。

研究中发现,当使用细菌时,即使在高流速下发酵,从反应器流出的发酵液中的残糖也不会大幅度提高。而使用酵母时,则流速愈快,发酵液中残糖浓度愈高。由此可见,细菌发酵生产乙醇可能比传统的酵母要优越。

(4) 固定化细胞生产 L-苹果酸

L-苹果酸是人体必需有机酸之一,作为食品酸味剂,特别适用于果冻以及水果为基础的食品,有保持天然果汁色泽的作用,苹果酸具有抗疲劳和保护肝、肾、心脏的作用,可用于保健饮料。苹果酸能增进药物的稳定性,改善人体对药物的吸收。苹果酸配入复合氨基酸注射液中,直接进入生物体的主要代谢循环——三羧酸循环,可以减少氨基酸的代谢损失和弥补肝功能缺陷,可用于治疗尿毒症、高血压并可减轻抗癌药物对正常细胞的毒害作用,亦可用作皮肤的消毒剂、空气的清洁剂和除臭剂。

关于 L-苹果酸的生产,有 DL-苹果酸的拆分法、微生物发酵法、固定化微生物细胞连续化生产等方法。从国内外的发展趋势以及成本核算来看,用固定化细胞连续化生产的方法对工厂较为有利,设备、人力、能源等方面都比较节省,而且还可减少环境污染,产品纯度也较高。

日本从 1974 年开始用固定化细胞生产 L-苹果酸,取代 20 世纪 60 年代采用的发酵法。我国于 1976 年,由中国科学院微生物研究所杨廉碗等用固定化酵母细胞连续化生产 L-苹果酸。20 世纪 90 年代后,欧阳平凯等研究了固定化黄色短杆菌 MA-3 在 1.8 mol/L 高浓度反丁烯二酸盐体系中转化生成 L-苹果酸的新工艺。研究结果表明,体系 pH 为 7.0～8.0,反应温度为 37 ℃时,酶转化率提高至 90％,L-苹果酸的收率达 216 g/L。对固定化黄色短杆菌的动力学研究结果为 $v_{max}=76$ mmol/(L·h·g 固定化湿细胞),$K_m=4.76×10^{-2}$ mol/L。

通过对固定化黄色短杆菌 MA-3 活化前后及使用 3 个月以上的颗粒切片电镜扫描比较,发现黄色短杆菌 MA-3 经卡拉胶包埋后,其形状与游离状态相似,可以清楚地看到单个完整细胞。但经过活化处理后,固定化颗粒中的完整细胞数大大减少,只是少数依稀可见,卡拉胶凹凸不平面上吸附着大量从黄色短杆菌 MA-3 中释放出来的延胡索酸酶,这使底物反丁烯二酸铵溶液不断转化生成苹果酸铵。从使用 3 个月以上的固定化颗粒切片扫描图上则已基本没有发现完整细胞,固定化载体吸附着延胡索酸酶形成表面积极大的多微孔结构,底物可以通过微孔与附着的酶发生转化反应,从而不断生成产物。

虽然采用上述优化的高浓度反丁烯二酸体系,可以提高转化率达 90%,酶转化液中苹果酸含量达 20%,较普遍采用的反丁烯二酸钠体系提高了 1 倍,但成本仍然无法与化学合成法生成的 DL-苹果酸抗衡。随着反应分离耦合研究的不断发展,欧阳平凯等运用溶解度的差别,在游离延胡索酶的催化下,使生成的 L-苹果酸钙盐不断地从溶液中析出,反应不断地向着生成产物的方向移动,转化率高达 99.9%(图 4-11),单位体积酶发酵液对反丁烯二酸钙的转化量达 3 200 g/L,大幅度提高了目的产物在酶转化液中的浓度,显著降低了分离成本,转化时间为 20~28 h,纯化所得 L-苹果酸纯度大于 99.9%,反丁烯二酸残留量在 0.1% 左右,各项指标均符合美国药典标准,成本与化学合成法生产的 DL-苹果酸相当。

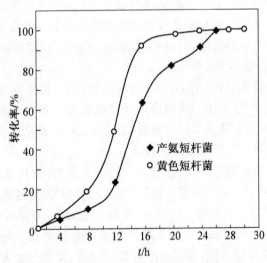

图 4-11 反应分离耦合法生产 L-苹果酸的转化率过程曲线

（5）固定化酶法选择性拆分泛解酸内酯

泛酸（pantothenic acid）是一种重要的食品添加剂和饲料添加剂，也是一种重要的维生素药物。产品一般为其右旋体钙盐 D-泛酸钙（calcium pantothenate）。D-泛酸钙在食品中用作营养增补剂，通过其钙盐与其他 B 族维生素一起用于补充营养。一般建议维持组织正常的摄入量应为 $7\sim8$ mg/d，孕妇、婴儿的食品中一般均添加泛酸。临床上泛酸一直用于治疗一些疾病，与其他 B 族维生素一起用于维生素 B 缺乏症，周围神经炎、手术后肠梗阻、链霉素中毒及类风湿等。泛酸钙也大量用于饲料工业，泛酸钙作为维生素饲料添加剂，在畜禽养殖中具有重要的作用，供应不足时会使畜禽出现各种代谢、神经、肠胃等方面生理机能的紊乱。

生产 D-泛酸的主要技术是中间体泛解酸内酯的手性拆分技术。D-泛酸钙的生产大多采用化学拆分法，用氯霉胺等手性拆分剂拆分，或者用物理方法如诱导结晶法拆分。国内一般采用诱导结晶法，工艺已经相当成熟，但是该方法只可以生产泛酸钙，无法用于其他泛酸衍生物如泛醇、D-泛酰巯基乙胺等的生产。1994 年，日本 Sakamoto Keiji 等人报道了用微生物酶法拆分泛酸钙合成中间体泛解酸内酯的方法，用微生物酶将 DL-泛解酸内酯拆分得到 D-泛解酸内酯，再与 β-丙氨酸钙缩合生产 D-泛酸钙。该方法工艺简单、成本低、对环境友好。

浙江鑫富生化股份有限公司、江南大学孙志浩等通过承担"十五"国家重点科技攻关项目专题的研究，选育获得了一株能高产立体专一性 D-泛解酸内酯水解酶、不利用不降解泛解酸内酯或泛解酸的微生物菌株串珠链孢霉（Fusaium moniliforme），建立了国际首创的霉菌交联原位固定化方法，酶转化时间短（$3\sim5$ h）、效率高，反复分批酶转化可达 180 次以上，所得到的酶水解产物光学纯度达到 99% 以上，因此具有较好的技术经济竞争力。采用微生物酶催化拆分方法与采用传统化学拆分方法相比，以生产 D-泛醇为例，原材料降低了 26.5%，同时生物法改善了操作环境，提高了产品品质与产品安全性，提高了 D-泛醇的产业化研究，取得了较好的经济效益、环境效益和社会效益。2002 年生产规模达到 D-泛酸钙 2 000 t/年和 D-泛醇 300 t/年，节约建设投资约 1 200 万元。2002 年生产规模达到 D-泛酸钙 1 726 t，实现产值 1.5 亿元，出口创汇 987 万美元，实现利税 3 384 万元。2003 年实际生产 D-泛酸钙 2 585.6 t，D-泛醇 120 t，产值 1.73 亿元，利税 5 300 万元，出口创汇 1 600 万美元。浙江鑫富公司的泛酸钙生产已进入世界前三位，对世界泛酸钙市场有重要影响。通过该项目技术的实施，已扩产到 5 000 t/年 D-泛酸钙的生产能力。

（6）酶法生产丙烯酰胺

丙烯酰胺（acrylamide，简称 AM）是一种重要的有机化工原料，用途广、需求量大。其主要用途包括：① 合成聚丙烯酰胺即 PAM，它是一种线性聚合物，为水溶性高分子中用途最广的品种之一，在石油开采、水处理、纺织印染、造纸、选矿、洗煤、医药、制糖、建材、农业、化工等行业中均有应用，有"百业助剂""万能产品"之称；② 合成 AM 衍生物及其聚合物，AM 可用于合成多种 AM 衍生物，这些衍生物的聚合物或共聚物具有许多优良性能，用途广泛，典型代表有 N-羟甲基丙烯酰胺、亚甲基双丙烯酰胺、双丙酮丙烯酰胺、N-丁氧基甲基丙烯酰胺以及 N,N-二甲基丙烯酰胺等；③ 合成与其他单体形成的共聚物，如聚丙烯酰胺凝胶，它是由 AM 与 N,N-亚甲基双丙烯酰胺形成的聚合物，应用于生化领域和整形外科领域。

AM 的工业生产历经硫酸催化、铜系催化剂催化、生物酶催化三代技术。由于生物法具有反应条件温和、选择性高、产品纯度高及生产经济性高等特点而成为当今工业化生产 AM 的主流技术。

利用微生物产生的腈水合酶催化丙烯腈水合合成 AM 始于 1973 年，法国学者 Galzy 等报道发现了一种能催化腈水解的微生物短杆菌（Brecibacterium）R312，可用于催化合成 AM。1985 年日本化学公司采用自己选育的红球菌（Rhodococcus sp.）N-774 菌种在横滨建立了年产 0.4 万吨的试生产装置，1991 年使用京都大学山田秀明教授选育的酶活性更高的 Rhodococcus rhodococcus J-1 菌种，使其生产规模上升到 3 万吨/年。20 世纪 90 年代中期前后俄罗期和中国也成功独立开发了微生物法工业化生产 AM 技术。与铜催化法相比，微生物省去了丙烯腈回收工段和铜分离工段。反应在常温、常压下进行，降低了能耗，提高了生产安全性，丙烯腈的转化率可达 99.9%，产品纯度高，十分有利于制造高相对分子质量的水溶性聚合物，污染小、过程简单、生产经济性高，新建一个生物法工业装置的设备费用估计约为前者的 1/3。

国内对该技术的研究开发长达 20 多年，参与单位和人员较多，先后发表相关论文 80 多篇，申请专利 10 多项，报道的新腈水合酶生产菌株不超过 10 株。上海农药研究所（原化工部上海生物化学工程研究中心）沈寅初等 1986 年筛选到一株腈水合酶高产菌，外观为橘红色，依据《伯杰氏细菌学手册》第八版初步鉴定为诺卡菌，暂定名为诺卡菌（Nocardia sp.）86-163。该菌株与国内外报道最多的红球菌（Rhodococcus sp.）系列菌株如 Rhodococcus rhodococcus J-1，以及其他几种诺卡菌如红色诺卡菌（Nocardia rhodochrous）LL100-21、珊瑚诺卡菌（Nocardia corallina）No.1、珊瑚诺卡菌 B-276 等同为诺卡菌类，有许多相似之处。该所采用微生物法生产 AM 的研究课题"七五"期间被国家科委列为"九五"国家重点科技攻关项目,并先后顺利通过验收。

经过多年的诱变育种及培养条件优化研究,菌株的酶活性、沉降性能及催化性能均得到显著提高,"八五"攻关后酶活性达 2 891.4 U/mL,"九五"攻关后酶活性达 5 627.5 U/mL,并与企业合作,不断优化并吸收应用新技术如膜技术等,生产工艺得到逐渐改良,由"八五"攻关期间开发的以离心分离细胞、固定化细胞催化反应、离心分离产物为特征的第一代工业化技术,发展到"九五"攻关期间的第二代工业化技术,采用离心分离细胞、游离细胞催化反应、超滤膜进行产物的分离。而近几年则是第三代工业化技术,采用微滤膜进行细胞分离、游离细胞催化反应、超滤膜进行产物分离的连续化生产工艺,生产技术水平逐渐提高,见表4-5,并完善了其他配套技术如产品精制和分析方法等。

表 4-5　上海农药研究所生物法生产 AM 技术的进展

项目	生产规模		
	0.44 kt/年	1.5 kt/年	≥5 kt/年
生产类型	中试生产	工业试生产	大规模生产
生产工艺	固定化细胞	固定化细胞	游离细胞
平均酶活性/(U/mL)	0.7 m³ 罐 2 553.5	2.5 m³ 罐 2 344.8	10 m³ 罐 ≥2 400
丙烯腈转化率/%	>99	>99	>99.9
丙烯酸含量/%	<0.5	<0.5	<0.3
总收率/%	94.8	94	97
丙烯腈单耗/(t/t)	0.79	0.78~0.82	0.76
水溶液含量/%	25.2	>25	>25
粉剂含量/%	>98	98.5	>98.5

在固定化酶和固定化细胞的应用中,研究最多的是把固定化酶和固定化细胞作为固体催化剂在合成化学反应上的应用。但是,以工业上的实际应用现状论,实际应用的数量还是远比发表的研究结果要少的多,其原因主要是:

① 在多数情况下,载体或固定化试剂价格昂贵;

② 固定化酶、细胞的活性收率低,即在多数情况下,固定化效果不佳;

③ 固定化酶、细胞经长期使用稳定性下降;

④ 连续反应时,同一装置不能满足多种用途;

⑤ 许多酶、细胞经固定化后难以与高分子底物发生作用。

这些不利因素曾在一定程度上妨碍了固定化酶、细胞的工业化应用,但是随着研究的深入发展,更因为固定化新方法、新材料的不断问世,固定化酶、细胞反应器不断地开发和更新,固定化酶和固定化细胞技术在国内已经成为生物转化法生产 L-苹果酸的首选技术,也是进行光学拆分化学合成的混旋蛋氨酸、工业化生产 L-蛋氨酸的首选技术。

本章小结

固定化生物催化剂反应过程系指用固定化酶和固定化细胞作为催化剂的生物反应过程。由于固定化生物催化剂一般为具有各种性状的颗粒,因此其反应过程动力学必须在颗粒水平上进行描述和表达。它的显著特征:在描述其反应过程动力学时,必须包含有反应物系从液相主体扩散到颗粒内、外表面的传递速率的影响。因此,本章所描述的生物反应过程动力学为在颗粒水平上将生化反应速率和传递速率相结合的表观反应动力学。

固定化酶具有极易与底物、产物分离,可以在较长时间内进行反复分批反应和装柱连续反应,在大多数情况下稳定性提高,酶反应过程能够加以严格控制等优势。酶的固定化,不仅使酶的活力发生了变化,而且由于固定化酶的引入,反应体系为多相体系。因此,在研究固定化酶催化反应动力学时,还要考虑物质的质量传递对酶催化反应过程的影响。为提高固定化酶外扩散效率,应设法减小 D_a 准数。

思考题

1. 简述固定化酶的含义。
2. 固定化酶和游离酶相比,有何优缺点?
3. 影响固定化酶反应速率的因素有哪些?
4. 固定化酶的方法有哪几种? 比较其优缺点。
5. 解释固定化酶活力大都下降的原因。

第五章　细胞反应过程动力学

以细胞为催化剂的生物反应过程动力学是对细胞生物生长过程的定量描述。它是在细胞水平上，通过对细胞生长、代谢产物生成和底物消耗的动力学特性描述，以反映细胞反应过程的本征动力学行为。它是进行细胞反应过程优化和生物反应器设计的重要理论依据。

第一节　化学计量学

1. 简介

细胞反应过程系指以细胞为其反应主体的一类生化反应过程。这类反应过程包括微生物反应和动植物细胞培养过程。其中微生物反应包括由诸如细菌、酵母菌和霉菌等这些微小的生物体所催化的生化反应过程。

细胞反应过程有如下主要特征：

（1）细胞是反应过程的主体。首先，它是反应过程的生物催化剂，它摄取了原料中的养分，通过细胞内的特定酶系进行复杂的生化反应，把原料转化为有用的产品；同时，它又如同一微小的反应容器，原料中的反应物透过细胞周围的细胞壁和细胞膜，进入细胞内，在酶的作用下进行催化反应，把反应物转化为产物，接着这些产物又被释放出来。因此，细胞的特性及其反应过程的变化，将是影响反应过程的关键因素。

（2）细胞反应过程的本质是复杂的酶催化反应体系。细胞内所进行的一切分解和合成反应，可统称为代谢作用。细胞在反应过程中，一方面从外界摄取营养物质，在细胞内经过各种变化，把这些物质转化为细胞自身的组成物质，这种变化称为同化过程；另一方面细胞内的组成物质又不断地分解代谢物而排出，这种变化又称为异化作用。从简单的小分子物质转化为复杂或较大物质的合成是需要能量的；而分解作用所形成的小分子物质又可作为合成作用的原料，同时伴随着能量的释放。因此，通过分解与合成的作用使细胞内保持物质和能量的自身平衡。

（3）细胞反应与酶催化反应也有明显的不同。首先,酶催化反应仅为分子水平上的反应,而且在酶催化反应过程中,酶本身不能进行再生产;而细胞反应为细胞与分子之间的反应,并且在反应过程中,细胞自己能进行再生产,即在反应进行的同时,细胞也得到生长。其次,在细胞反应过程中细胞的形态、组成、活性都处在一动态变化过程。例如,在反应过程中,细胞要经历生长、繁殖、维持、死亡等若干阶段,不同的阶段有不同的活性。从细胞组成分析,它包含有蛋白质、脂肪、碳水化合物、核酸等。这些成分含量大小也随着环境的变化而变化。细胞能利用其代谢机制进行定量调节以适应外界环境的变化。

2. 化学计量学

反应计量学是对反应物的组成和反应转化程度的数量化研究,它与反应热力学和动力学一起构成了反应工程学的理论基础。根据反应计量学,可以知道反应过程中各有关反应组成的变化规律以及各反应之间的数量关系,但对细胞反应过程,由于众多组分参与反应和代谢途径的错综复杂,并在细胞生长的同时还伴随着代谢产物生成的反应,因此要用标以正确系数的反应方程表示由反应组分组成的培养基转化为生成物的反应几乎是不可能的,这就需要采用另外一些方法加以简化处理。

（1）元素平衡

为了表示出细胞反应过程各物质和各组分之间的数量关系,最常用的方法是对各元素进行原子衡算。首先要确定细胞的元素组成和其分子式。为了简化,一般将细胞的分子式定义为 $CH_\alpha O_\beta N_\delta$,而忽略了其他微量元素 P、S 和灰分等。不同的细胞,其组成当然是不同的。为此,常需要确定一平均组成,生长速率的变化对同一种细胞元素组成虽有影响,但要比不同种细胞之间对元素组成的影响要小,并且对同一种微生物细胞,当限制培养基发生变化时,细胞元素组成也在变化。

对一无胞外产物的简单生化反应:

$$CH_mO_n + aO_2 + bNH_3 \longrightarrow cCH_\alpha O_\beta N_\delta + dH_2O + eCO_2$$

式中:CH_mO_n——碳源的元素组成;

$CH_\alpha O_\beta N_\delta$——细胞的元素组成。

对 C、H、O 和 N 做元素平衡,得到下列方程:

C:$1 = c + e$ (5 - 1)

H:$m + 3b = c\alpha + 2d$ (5 - 2)

$$O:n+2a=c\beta+d+2e \tag{5-3}$$

$$N:b=c\delta \tag{5-4}$$

方程中的 a、b、c、d 和 e 五个未知数需要五个方程才能解出。对需氧反应，可利用呼吸商的定义式来作为另一个方程。

$$RQ=\frac{CO_2\ 产生速率}{O_2\ 消耗速率}=\frac{e}{a} \tag{5-5}$$

RQ 值可通过实验测出。

对一有胞外产物的反应，增加了至少一个计量系数，为此引入还原度概念，并用于生化反应中质子—电子平衡。还原度用 γ 表示。某一化合物的还原度为该组分中每一个碳原子的有效电子当量数。对某些关键元素的还原度是：$c=4$，$H=1$，$N=-3$，$O=-2$。在一化合物中任何元素的还原度等于该元素的化合价。根据上述数值，可以得出，CO_2、H_2O 和 NH_3，其还原度为零。

对一有胞外代谢产物的复杂反应：

$$CH_mO_n+aO_2+bNH_3 \longrightarrow cCH_\alpha O_\beta N_\delta+dCH_xO_yN_z+eH_2O+fCO_2$$

细胞：$\gamma_b=4+\alpha-2\beta-3\delta$ (5-6)

基质：$\gamma_s=4+m-2n$ (5-7)

产物：$\gamma_p=4+x-2y-3z$ (5-8)

从化学方程式，可得出有效电子平衡方程为：

$$\gamma_s-4a=c\gamma_b+d\gamma_p \tag{5-9}$$

即：$1=\dfrac{c\gamma_b}{\gamma_s}+\dfrac{d\gamma_p}{\gamma_s}+\dfrac{4a}{\gamma_s}$

即：$1=\delta_b+\delta_p+\varepsilon$ (5-10)

式中：ε——基质中传递到氧的有效电子数的分率；

　　　δ_b——进入细胞中有效电子数分率；

　　　δ_p——进入细胞外产物中有效电子数分率。

由于在生化反应中水是大量存在的，因而准确决定所生成的水量是很困难的，因而做 H 和 O 的元素平衡方程无意义，这样仅剩下 C、N 的元素平衡方程。

C：$1=c+d+f$ (5-11)

N：$b=c\delta+dz$ (5-12)

实验中发现，对许多不同的微生物细胞，即使用不同的基质，其还原度（γ_b）的数值是非常接近的。例如对细菌和酵母菌，采用的碳源分别为葡萄糖、乙醇、乙酸和正构烷烃等，细菌的还原度的平均值为 4.291 ± 0.172，因此可近似视为常数。这样在求方程式中六个未知数（a、b、c、d、e、f）时可利用方程和 RQ 值以

及 γ_b 为一常数来解出。

(2) 得率系数

得率系数可用于对碳源等物质生成细胞或其他产物的潜力进行定量评价,最常用的几种得率系数有下述几种:

① 对基质的细胞得率 $Y_{X/S}$

$$Y_{X/S}=\frac{\text{生成细胞的质量}}{\text{消耗基质的质量}}=\frac{\Delta X}{-\Delta S} \tag{5-13}$$

在分批培养时,培养基的组成在不断地变化,因此细胞得率系数一般不能视为常数。在某一瞬时的细胞得率常标为微分细胞得率(或瞬时细胞得率),其定义式可表示为:

$$Y_{X/S}=\frac{r_X}{r_S} \tag{5-14}$$

在分批培养过程中,总的细胞得率可用下式计算:

$$Y_{X/S}=\frac{[X_t]-[X_0]}{[S_0]-[S_t]}$$

与 $Y_{X/S}$ 相似的还有对氧的细胞得率 $Y_{X/O}$ 和对基质的产物得率 $Y_{P/S}$,其定义式分别为:

$$Y_{X/O}=\frac{\text{生成细胞的质量}}{\text{消耗氧的质量}}=\frac{\Delta X}{-\Delta O} \tag{5-15}$$

$$Y_{P/S}=\frac{\text{生成代谢产物的质量}}{\text{消耗基质的质量}}=\frac{\Delta P}{-\Delta S} \tag{5-16}$$

② 对碳的细胞得率 Y_C

基质作为碳源时,无论是需氧还是厌氧培养,宏观上碳源的一部分被同化为细胞组成物质,其余部分则被异化,分解为二氧化碳及其他代谢产物。为了表示由碳同化为细胞过程的转化效率,采用对碳的细胞得率 Y_C 表示。

$$Y_C=\frac{\text{生成细胞量}\times\text{细胞含碳量}}{\text{消耗基质量}\times\text{基质含碳量}}=\frac{\Delta X\cdot\sigma_X}{(-\Delta S)\cdot\sigma_S}=\frac{\sigma_X}{\sigma_S}\cdot Y_{X/S} \tag{5-17}$$

式中: σ_X 和 σ_S——分别为单位质量细胞和单位质量基质中所含碳原子的质量。

Y_C 一定小于 1,一般在 $0.4\sim0.9$ 左右的范围内,由于 Y_C 仅考虑基质与细胞的共同项,即碳,可以认为它比 $Y_{X/S}$ 更合理。

③ 宏观得率与理论得率

当细胞生长的同时,还伴有其他反应如代谢产物的生成时,则所消耗的基质一部分用于细胞的生长,一部分用于生成代谢产物。

假设细胞反应过程中所消耗基质的总量为 ΔS_T，其中用于细胞生长的基质数量为 ΔS_G。用于生成代谢产物的基质数量为 ΔS_R。

若定义 $Y_{X/S}=\dfrac{\Delta X}{-\Delta S_T}=\dfrac{\Delta X}{-(\Delta S_G+\Delta S_R)}$，此时求得的对基质的细胞得率称为宏观得率。

若定义 $Y^*{}_{X/S}=\dfrac{\Delta X}{-\Delta S_T}$，此时求得的对基质的细胞得率称为理论得率，由于细胞代谢过程很复杂，ΔS_G 一般是未知数，$Y^*{}_{X/S}$ 较难直接确定。$Y^*{}_{X/S}$ 又常称为最大可能得率，由于 $\Delta S_G < \Delta S_T$，因此 $Y^*{}_{X/S} > Y_{X/S}$。

④ 对能量的细胞得率

人们进一步要求能从基质直接估算细胞得率，如果能做到这一点，则在进行研究开发工作时，就能有效地选择基质，也可以将细胞得率的理论计算值作为探索最有培养条件的目标。为此，采取了将不同基质得率换算为同一能量基准，并且考虑了细胞异化代谢途径中基质获得能量的形式。

如果采用基质完全氧化时失去每 1 mol 有效电子时的细胞生成量作为对有效电子的细胞得率，则用 Y_{ave^-} 表示；如果采用 1 kJ 基质燃烧热产生细胞干重的得率，则用 Y_{kJ} 表示；如果采用异化过程中生成每 1 molATP 时所增加的细胞量表示，即为对 ATP 生成的细胞得率，用 Y_{ATP} 表示。

细胞通过对基质的氧化而获得细胞合成、物质代谢、能动的物质传递过程等生命活动所必需的能量。但是，它并不是利用了基质氧化的全部能量，而只是在氧化反应中从生成 ATP 形式获得的自由能，才能被细胞生命活动所利用，其余部分作为反应热释放到环境中。据此，应以异化代谢过程中 ATP 的生成量作为细胞得率的基准，此时细胞得率 Y_{ATP} 的定义式可表示为：

$$Y_{ATP}=\frac{\Delta X}{\Delta ATP}=\frac{Y_{X/S}\cdot M_S}{Y_{ATP/S}}(g/mol) \tag{5-18}$$

式中：$Y_{ATP/S}$——相对于基质的 ATP 生成率，即每消耗 1 mol 基质所生成 ATP 的量，mol/mol；

M_S——基质的分子量。

根据大量实验发现，在厌氧培养时，Y_{ATP} 值与细胞、基质的种类无关，基本上为常数，即 $Y_{ATP}\approx 10$。并且该值可看作是细胞生长的普遍特征值。据此，如果产生能量的异化代谢途径为已知，可得 $Y_{ATP}=10\cdot\dfrac{Y_{ATP/S}}{M_S}$。根据此式可以预测从一定数量的基质所能得到的细胞量。

只要能正确计算出 1 mol 基质所生成的 ATP 的量(mol)，就可算出各种情

况下的 $Y_{X/S}$ 值。例如,对在最低培养基中进行厌氧培养时,单一碳源中一部分作为能源通过异化代谢分解,其余部分用于同化构成细胞。假设用于同化的碳源与 ATP 生成无关,对于异化代谢的碳源,服从 $Y_{ATP} \approx 10$,这时细胞得率 $Y_{X/S}$ 的计算式为:$Y_{ATP} = 10 \cdot Y_{ATP/S} / \left(M_S - 10 \cdot Y_{ATP/S} \cdot \dfrac{\sigma_X}{\sigma_S} \right)$。

表 5-1 部分宏观得率系数汇总表

得率系数	组分间的反应或关系	定义及单位
$Y_{X/S}$	S→X	消耗 1 g 基质所获得细胞数(g) g 细胞/g 基质
$Y_{X/O}$	O₂→X	消耗 1 g 氧所获得细胞数(g) g 细胞/g O₂
$Y_{P/S}$	S→P	消耗 1 g 基质所获得产物数(g) g 产物/g 基质
$Y_{C/S}$	S→CO₂	消耗 1 g 基质所获得 CO₂ 数(g) g CO₂/g 基质
$Y_{P/O}$	O₂→P	消耗 1 g O₂ 所获得产物数(g) g 产物/g O₂
$Y_{X/P}$	P~X	每得到 1 g 产物同时得到的细胞数(g) g 细胞/g 产物
$Y_{X/C}$	CO₂~X	每得到 1 g CO₂ 同时得到的细胞数(g) g 细胞/g CO₂
$Y_{C/P}$	P~CO₂	每得到 1 g 产物同时得到的 CO₂ 数(g) g CO₂/g 产物
Y_{ATP}	ATP~X	每消耗 1 mol ATP 所获得细胞数(g) g 细胞/mol ATP

第二节 细胞生长动力学概述

细胞是一切生物体进行生长、遗传和进化等生命活动的基本单位,也是决定生物体形态、结构和功能的基本单位。

细胞生长是细胞内众多生化反应的综合结果。这些反应既包括利用底物合成结构单元、再聚合成大分子物质的系列反应；也包括提供进行反应所需的吉布斯自由能和还原力的合成反应。细胞为了确保有序和高效生长，则需将这些反应有机地结合在一起，并经济地分配胞内各代谢途径的通量。

细胞生长反应过程总体可分为下述步骤：

① 底物从培养基输送到细胞内；

② 通过胞内反应，将底物转化为细胞质和代谢产物；

③ 代谢产物排泄进入胞外非生物相。

1. 细胞的基本特征

（1）组成

细胞的元素组成主要为 C、H、O、N 四种元素，约占细胞质量的 90%，其次还含有少量的 S、P、Na、Ca、K、Cl、Mg、Fe 八种元素，上述十二种元素占细胞质量的 99% 以上。

活细胞的主要成分是水，占总量的 80%～95%。细胞要进行生长、繁殖和代谢等生命活动所需的营养物质绝大部分以溶解状态进入胞内。

活细胞除去水分后的干物质，约有 90% 是由蛋白质、核酸、糖类和脂质四类大分子物质组成，它们是构成细胞精细结构的基础。

蛋白质是细胞的主要有机成分，它既是重要的结构分子，又是特异的催化剂。它们负有遗传信息的表达和细胞的代谢调控的任务，并能完成各种生理功能。

核酸分为 DNA 和 RNA 两种。它们与贮存和传递遗传信息有关，并能进行自我复制。

多糖既是结构成分，如细胞壁中的纤维素和果胶质；又是主要的贮藏物质，如淀粉和糖原。

脂质既是细胞膜的主要成分，也是胞内代谢能量的存贮与消耗的主要载体。

细胞的元素和化学组成将直接影响细胞大规模培养时的培养基设计，细胞主要成分中遗传物质的和结构组分的划分为建立细胞生长的结构动力学模型奠定了基础；细胞中主要成分是水的这一特性决定了细胞只有在有游离水的环境中才能生长、细胞密度与培养液的密度非常接近、细胞对剪切应力更加敏感等。

（2）形状

微生物细胞有球形、杆状、菌丝等多种不同的性状。由于细胞内在结构和自身表面张力的作用以及在外部的压力下，细胞总是保持它们一定的形状。

细胞形态的不同会对细胞的生长反应产生多方面的影响，主要影响如下：

① 影响细胞的生长速率。例如，单细胞微生物的生长一般以裂殖或出芽的方式进行，在对数生长期，细胞呈指数增加；对丝状菌，则以菌丝延伸和增加分枝数目的方式生长并形成菌丝球，其生物量的增加则明显小于指数生长量。

② 影响细胞承受剪切力的能力。一般，球状细胞具有较强的抗剪切能力；杆状和丝状菌在高剪切力下会发生断裂，影响细胞的生长和代谢，甚至造成细胞死亡。

③ 影响物质的传递速率。当丝状菌形成直径较大的菌丝团时，会对氧和营养物质的传递产生一定阻力，影响其传递速率，导致菌丝团内部存在着较大的浓度梯度。

（3）大小

微生物细胞的半径为 0.1～10 μm 的范围。细胞体积大小将受到下列因素制约。

细胞要求有较高的比表面积，这样有利于细胞与周围环境进行物质、能量和信息的交换。

细胞体积的上限将受核质比的制约。核是保存遗传基因的场所，其中 DNA 含量恒定，这决定了核的大小是相对恒定的，核所控制的细胞质体积也就相对恒定。如果细胞质体积的增加超过了与细胞核所维持的正常比例，则会使细胞处于不稳定状态，引起它们的分裂，已恢复细胞的稳定状态，正常的核质比例是生物体适应环境的结果。

细胞体积的下限则取决于胞内物质之间进行反应和交流所需要的空间。

在生物反应工程研究中，亦需考虑细胞微小的特性。例如，由于细胞尺度与生物反应器的尺度相比要小得多，则可以忽略细胞的固态本质而将其视为一种大分子的溶质；又由于细胞内的分子尺度要比细胞小得多，则可忽略胞内众多的生化反应，仅需考虑细胞的宏观生长过程；又由于细胞直径与流体湍流场中的涡流及边界层有类似的尺度，细胞的密度与流体的密度亦十分接近，导致细胞培养过程的传质也具有独特的性质。

细胞虽种类繁多，其形态、结构和功能又不尽相同，但又具有某些共同的特征，即：所有细胞都有细胞膜；其遗传信息都是通过 DNA 和 RNA 进行复制和转录的；都具有蛋白质合成的机器——核糖体；细胞增殖是通过一分为二的方式进行等。

2. 胞内代谢反应

底物进入细胞后，需经过大量的胞内代谢反应才能转化为细胞的成分和代谢产物。这些成分和产物在分子大小和功能上都存在着很大的差异,但其主要是由蛋白质、RNA、DNA、脂类和碳水化合物等大分子物质所组成。这些大分子物质的合成以及组织成一功能细胞,则是通过若干个独立的反应群而进行的。

根据其在整个细胞合成过程中的主要功能,这些反应群可分为供能反应、生物合成反应、多聚反应和组装反应等。

（1）供能反应

其作用是将底物转化为用于生物合成所需的 12 种前体代谢物;通过细胞自身的能量形式转换机构将化学能或光能转换成以 ATP 为代表的代谢能,为细胞其他反应提供可直接利用的能量;以辅助因子 NADPH 的形式为生物合成反应提供所需的还原力。

对底物,若能在结构单元的生物合成中提供碳骨架,则通常称为碳源;若提供生物合成的吉布斯自由能(其中一部分被细胞转化为代谢能)和还原力的则称为能源。许多底物既可作为碳源,又可作为能源,例如各种糖类。

ATP 和 NADPH 是在底物转化为能量更低化合物的分解代谢反应中形成的,因此供能反应亦包含了底物的分解代谢反应,前体代谢物则是该反应的中间产物,因此分解代谢在细胞生长过程中起着为生物合成提供能量和前体代谢物的双重作用。

（2）生物合成反应

通过生物合成反应,将前体代谢物转化为多聚反应中用于合成大分子生物质所需的结构单元,同时也生成辅酶和相关的代谢因子。

细胞合成所需的结构单元、辅酶等的数量有 75～100 个,如氨基酸、脂肪酸、固醇、核糖核苷酸等。

所有生物合成反应均起始于 12 种前体代谢物,一些反应途径直接从前体代谢物开始,另一些反应途径则间接地从一个中间物的分支或一个相关途径的末端产物开始。

（3）多聚反应

多聚反应系使结构单元联结成分支的或不分支的多聚长链,以生成生物大分子物质,如 RNA、DNA、蛋白质、脂类等。

上述生物合成反应与多聚反应总称为合成代谢。

（4）组装反应

组装反应是使多聚反应所生成的大分子物质进一步构建为功能细胞,其中包括对生物大分子进行化学修饰,随后将其输送到细胞中预先指定的位置,最后渗入细胞组件,如细胞壁、细胞膜和细胞核等。

上述几个反应过程都需消耗大量的自由能,一方面,提供自由能可促进其热力学不利于进行的生物大分子合成的多聚反应;另一方面,过量的自由能还能强化反应进行的推动力,使反应平衡向产物合成的方向移动。

从细胞的生长过程分析,胞内的代谢过程又可分为初级代谢和次级代谢两个阶段,相应的代谢产物称为初级代谢产物和次级代谢产物两大类。

初级代谢是一类与细胞生长有关并涉及产能和耗能的代谢类型。它同细胞的生长过程几乎呈平行关系,其产物的形成与细胞的生长也呈平行关系,称为生长偶联型产物。初级代谢对环境条件变化的敏感性小,其遗传稳定性高。相应的初级代谢产物有氨基酸、单糖、核苷酸和脂肪酸等以及它们组成的大分子聚合物,如蛋白质、多糖、核酸和脂类等。它们都是细胞生存所必不可少的物质,只要在这些物质合成过程中某个环节上出现问题,轻则使细胞停止生长,重则导致细胞死亡。

次级代谢则是某些细胞为了避免代谢过程中某些代谢产物的积累所造成的不利作用,而产生的一类有利于细胞生存的代谢类型,通常是在细胞生长后期合成的。通过次级代谢合成的产物称为次级代谢产物。它与细胞的生长不呈平行关系,而是明显地分为细胞生长和次级代谢产物形成的两个不同阶段,故称为非生长偶联型产物。这些次级代谢产物并不是细胞生长所必需的物质,即使在次级代谢过程中某个环节上发生障碍,也不会导致细胞生长的停止或死亡,仅仅是影响了细胞合成次级代谢产物的能力。次级代谢对环境的变化很敏感,产物的合成会因条件的变化而停止。次级代谢产物种类繁多,通常以多组分的形式存在,最具代表性的有青霉素头孢菌素、四环素等。

综上所述,初级代谢是次级代谢的基础,它可以为次级代谢产物的合成提供前体物质及其所需的能量;而次级代谢产物则是初级代谢在特定条件下的继续与发展,并能避免初级代谢过程中某些中间体或产物过量积累对细胞所产生的毒害作用。

3. 细胞生长反应的特点

细胞是物质、能量与信息精巧结合的综合体,是一个多层次、非线性的复杂结构体系,也是高度有序、具有自行装配与组织能力的体系。

对细胞生长反应过程,需要加以强调的主要有下述特点:

① 细胞是该反应过程的主体。在细胞反应过程中,细胞既是反应过程的催化剂,它通过胞内特定的酶系进行一系列的生化反应;细胞又如一反应器,有底物的进入、胞内反应和产物的释放。因此,细胞的生长反应特性及其变化,是影

响该反应过程的主要因素。

② 胞内反应是一个非常复杂的反应体系。细胞内具有复杂的代谢系统,反应具有多样性和复杂性。细胞生长的同时,还向环境释放出各种代谢产物。这些导致了细胞反应过程产品的多样性、反应过程目的产物的产率较低而副产物较多、反应过程的调控较困难和产物分离过程复杂等特点。

③ 细胞反应过程为一动态过程。一方面细胞本身要经历生长、繁殖、维持和衰亡等不同的阶段并具有不同的活力;另一方面细胞在生长过程中,其胞内各种成分的含量又是变化的。

④ 细胞反应过程是一个复杂的群体的生命活动。通常每毫升培养液中含有 $10^4 \sim 10^8$ 个细胞,因而在反应过程中,会同时存在各处于不同生理特性、不同活力的细胞群体。

⑤ 细胞反应体系又为一多项、多组分的非线性体系。多相系指反应体系内常含有气相、液相以及菌体(固)相,相间存在复杂的传递现象;多组分系指培养液中有多种营养成分和代谢产物,胞内又含有不同生理功能的化合物。非线性系指对细胞代谢反应很难用线性方程来描述,其动力学模型呈高度的非线性,即使其简化模型中的参数也具有时变性。

第三节 生长动力学的定量描述

1. 细胞生长动力学的描述方法

细胞反应过程包括细胞的生长、基质的消耗和代谢产物的生成,要定量描述细胞反应过程的速率,显然细胞生长动力学是其核心。

(1) 动力学模型的简化

细胞的生长、繁殖代谢是一个复杂的生物化学过程,该过程既包括细胞内的生化反应,也包括胞内与胞外的物质交换,还包括胞外的物质传递及反应。该体系具有多相、多组分、非线性的特点。多相指的是体系内常含有气相、液相和固相;多组分是指在培养液中有多种营养成分,有多种代谢产物产生,在细胞内也有具有不同生理功能的大、中、小分子化合物;非线性指的是细胞的代谢过程通常需要用非线性方程来描述。同时,细胞的培养和代谢还是一个复杂的群体生命活动,通常每 1 mL 培养液中含有 $10^4 \sim 10^8$ 个细胞,每个细胞都经历着生长、成熟直至衰老的过程,同时还伴随着退化、变异。因此,要对这样一个复杂的体系进行合理的简化,在简化的基础上建立过程的物理模型,再据此推出数学模型。

主要简化的内容有以下几点:

① 细胞反应动力学是对细胞群体的动力学行为的描述,而不是对单一细胞进行描述;所谓的细胞群体是指细胞在一定条件下的大量聚集。

② 不考虑细胞之间的差别,而是取其性质上的平均值,在此基础上建立的模型称为确定论模型;如果考虑每个细胞之间的差别,则建立的模型为概率论模型。目前在应用时一般取前者。

③ 细胞的组成也是复杂的,它含有蛋白质、脂肪、碳水化合物、核酸、维生素等,而且这些成分的含量大小随着环境条件的变化而变化。如果是在考虑细胞组成变化的基础上建立的模型,则称为结构模型,该模型能从机理上描述细胞的动态行为。在结构模型中,一般选取 RNA、DNA、糖类及蛋白质的含量作为过程的变量,将其表示为细胞组成的函数;但是,由于细胞反应过程极其复杂,加上检测手段的限制,以至缺乏可直接用于在线确定反应系统状态的传感器,给动力学研究带来了困难,致使结构模型的应用受到了限制。

如果把细胞视为单组分,则环境的变化对细胞组成的影响可被忽略,在此基础上建立的模型称为非结构模型。它是在实验研究的基础上,通过物料衡算建立起经验或半经验的关联模型。

在细胞的生长过程中,如果细胞内各种成分均以相同的比例增加,则称为均衡生长。如果由于各组分的合成速率不同而使各组分增加的比例也不同,则称为非均衡生长。从模型的简化考虑一般采用均衡生长的非结构模型。

④ 如果将细胞作为与培养液分离的生物相处理所建立的模型,称为分离化模型,一般在细胞浓度很高时常采用此模型。在此模型中需要说明培养液与细胞之间的物质传递作用,如果把细胞和培养液视为一相——液相,则在此基础上所建立的模型称为均一化模型。

图 5-1 中 D 为细胞群体的实际情况,但由于在求解及分析中是最繁杂的,应用很困难。

图 5-1 中 A 为确定论的非结构模型,是最为简化的情况,通常也称为均衡生长模型,由于此模型既不考虑细胞内各组分,又不考虑细胞之间的差异,因此可以把细胞看成一种"溶质",从而简化了细胞内外的传递过程的分析,也简化了过程的数学模型,这对于很多细胞反应过程的分析,特别是对过程的控制,均衡生长模型是可以满足要求的。

图 5-1 中 B 表示的是确定轮结构模型,C 表示的概率论非结构模型。

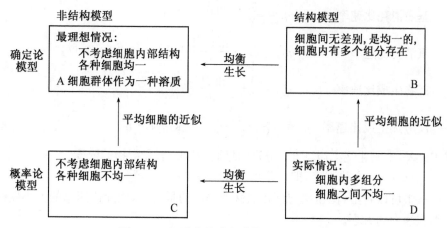

图 5-1　细胞生长动力学模型分类示意图

（2）反应速率的定义

如果在一间歇操作的反应器中进行某一细胞反应过程,则可得到细胞浓度（$[X]$）、基质浓度（$[S]$）、基质浓度（$[P]$）、溶氧浓度（$[O_2]$）和二氧化碳浓度（$[CO_2]$）以及反应热效应（H_v）等随反应时间变化曲线,要描述细胞的生长、基质的消耗和产物生成的变化情况,采用绝对速率和比速率两种。

① 绝对速率（又称速率）　表示单位时间、单位反应体积某一组分的变化量,$r_X = \dfrac{d[X]}{dt}$（细胞生长速率）

$[X]$ 为细胞的浓度。对于细胞,一般无法用摩尔浓度表示,而是以质量表示,并且不考虑细胞中的大量水分,常用单位体积培养液中所含细胞（或称菌体）的干燥质量表示。

基质和氧的消耗速率 r_S, r_O 为:$r_S = \dfrac{-d[S]}{dt}$ 和 $r_O = \dfrac{-d[O_2]}{dt}$

产物、CO_2 和反应热的生成速率 r_P, r_C, r_{H_v} 为:

$$r_P = \frac{d[P]}{dt}, r_C = \frac{d[CO_2]}{dt}, r_{H_v} = \frac{d[H_v]}{dt}$$

这些速率的单位是 $[g/(L \cdot h)]$ 或 $[kJ/(L \cdot h)]$,表示在恒温（$T =$ 常温）和恒容（$V_p =$ 常数）的情况下这些组分的生长、消耗和生成的绝对速率值。

② 比速率　该速率是以单位浓度细胞（或单位质量）为基准而表示的各个组分变化速率。

细胞生长比速率　　　　$\mu = \dfrac{1}{[X]} \cdot \dfrac{d[X]}{dt} [h^{-1}]$

基质消耗比速率 $\qquad q_s = \dfrac{1}{[X]} \cdot \dfrac{\mathrm{d}[S]}{\mathrm{d}t}[h^{-1}]$

氧消耗比速率 $\qquad q_O = \dfrac{1}{[X]} \cdot \dfrac{\mathrm{d}[O_2]}{\mathrm{d}t}[h^{-1}]$

产物生成比速率 $\qquad q_P = \dfrac{1}{[X]} \cdot \dfrac{\mathrm{d}[P]}{\mathrm{d}t}[h^{-1}]$

反应热生成比速率 $q_{H_v} = \dfrac{1}{[X]} \cdot \dfrac{\mathrm{d}[H_v]}{\mathrm{d}t} \quad [\mathrm{kJ}/(\mathrm{L} \cdot \mathrm{h})]$

式中：$[X]$、$[S]$、$[O_2]$、$[P]$——分别为细胞、基质、氧和产物的浓度。

$[H_v]$——产热强度，即单位反应体积所产生的热量。

从中可以看出，比速率与催化活性的物质的量有关，因此比速率的大小反映了细胞活力的大小。

2. 无抑制的细胞生长动力学

细胞的生长，是指细胞的全部化学成分有序地增加。这是因为细胞有时只是使其糖源或油脂的储存性物质的含量在单纯性地增加，此时虽使细胞质量有所增加，但它不具有生长的实际意义。

若随着细胞质量的增加，其可检测的组成物质，如蛋白质、RNA、DNA 等均以相同的比例增加，此种生长称为均衡生长。相反，类似储存性物质的积累过程以及分批反应的初期，细胞组成物质的合成速率不成比例，则称为非均衡生长。

(1) Monod 模型　对均衡的细胞生长，可视为一级自催化反应，它的生长速率亦与细胞浓度有关。细胞的生长速率可表述为细胞浓度的一级反应，即：

$$r_X = \mu[X] \qquad\qquad (5-19)$$

该式中 r_X 为单位体积的反应液中、单位时间内所生成的细胞量，单位为质量·体积$^{-1}$·体积$^{-1}$。r_X 又称为细胞生长的绝对速率，它表示的是细胞的群体行为。

式(5-19)又可表示为： $\qquad \mu = \dfrac{r_X}{[X]} \qquad\qquad (5-20)$

μ 表示了以单位细胞浓度为基准的细胞生长速率，称为细胞比生长速率，它是描述细胞生长速率的一个重要参数。从生物学含义来理解，μ 表示在固定的生长时间内，由已有的、数量确定的细胞个体所产生的新个体数，所以 μ 值的单位应表示为：[(新生个体数)·(原有个体数)$^{-1}$·(时间)$^{-1}$]。因此，μ 表示的是细胞个体的特性，反映了细胞生长能力的大小，μ 越大，表明该类细胞生长越快。遗传基因是决定 μ 值大小的关键因素，细胞所包含的遗传信息愈复杂，细胞愈大，即愈是高等生物，其 μ 值愈小，所以 μ 值大小与微生物菌株和环境条件等因素有关。

1942 年，现代细胞生长动力学奠基人，J·Monod 提出了描述底物浓度对细胞生长速率影响的著名的 Monod 动力学模型。

该模型的基本假设为：

① 细胞生长为均衡非结构式生长，因此可用细胞浓度的变化来描述细胞的生长；

② 培养基中只有一种底物是细胞生长的限制性底物，其他组分则均为过量，它们的变化不影响细胞的生长；

③ 细胞的生长视为简单单一反应，细胞得率系数 $Y_{X/S}$ 为一常数。

Monod 模型方程为：

$$\mu = \mu_{\max} \cdot \frac{[S]}{K_S + [S]} \qquad (5-21)$$

式中：μ——比生长速率，s^{-1}；

　　$\mu_{\max}$——最大比生长速率，s^{-1}；

　　$[S]$——限制性底物的质量浓度，$\mathrm{g \cdot L^{-1}}$；

　　K_S——饱和常数，$\mathrm{g \cdot L^{-1}}$。

根据式（5-21），μ 与 $[S]$ 的关系呈抛物线变化，如图 5-2。

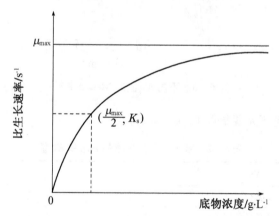

图 5-2　Monod 模型描述的 μ-$[S]$ 关系曲线

当 $[S] \ll K_S$ 时，$\mu \approx \dfrac{\mu_{\max}}{K_S} \cdot [S]$，呈一级动力学关系；当 $[S] \gg K_S$ 时，$\mu \approx \mu_{\max}$，成零级动力学关系。

将式(5-21)代入式(5-19)中,可得细胞生长速率为:$r_X = \dfrac{\mu_{max} \cdot [S]}{K_S + [S]} \cdot [X]$

$$(5-22)$$

Monod 方程有两个参数,即 μ_{max} 和 K_S。

μ_{max} 可视为细胞的底物过量时的比生长速率,它的数值大小同样与微生物的种类和环境条件有关。

K_S 则是细胞对限制性底物亲和性的一种度量。图 5-3 表示了不同 K_S 值对细胞生长的影响。从该图可以看出,K_S 值越小,细胞越能有效地在低浓度限制性底物条件下快速生长,K_S 值的大小除与微生物种类有关外,还与底物的类型有关。

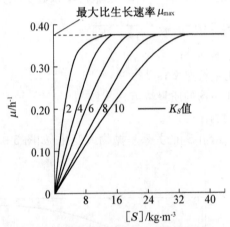

图 5-3 不同 K_S 值的 Monod 曲线

表 5-2 为若干常见微生物 μ_{max} 和 K_S 值。

表 5-2 若干常见微生物的 μ_{max} 和 K_S 值

微生物	限制性底物	$\mu_{max}/\mathrm{h}^{-1}$	$K_S/\mathrm{mg} \cdot \mathrm{L}^{-1}$
大肠杆菌(37 ℃)	葡萄糖	0.8～1.4	2～4
大肠杆菌(37 ℃)	甘油	0.87	2
大肠杆菌(37 ℃)	乳糖	0.8	20
酿酒酵母(30 ℃)	葡萄糖	0.5～0.6	25
热带假丝酵母(*Candida tropicalis*)(30 ℃)	葡萄糖	0.5	25～75
产气克雷伯菌	甘油	0.85	9
产气气杆菌(*Aerobacter aerogenes*)	葡萄糖	1.22	1～10

通过上述讨论,可看出 Monod 模型方程的建立主要有下述特点:① Monod 模型将细菌生长视为简单的单一均衡生长反应,得率系数 $Y_{X/S}$ 视为常数,因此该模型是在"黑箱"模型基础上进行动力学描述的;② Monod 模型方程与描述酶催化反应动力学的 M-M 方程在形式上十分相似。所以,从模型建立过程分析,Monod 方程的建立可视为一种形式动力学的方法,其方程的形式取自于具有相似反应机理的酶催化反应动力学,而模型参数则由实验来确定。

在上述讨论中,事实上我们是假设限制性底物全部用于细胞的生长。但在实际中又常发现,若底物浓度低于某一数值时,细胞将停止生长。

这是因为,细胞为了维持其正常的生理活动,也需要消耗部分底物,如用于维持细胞内外化学物质的浓度梯度、修复受损的 DNA 和 RNA 分子和结构以及细胞运动等与细胞生长无直接关系的生理活动。

当细胞生长很旺盛时,所消耗的这部分底物所占比例很少;如果 μ 值较小,细胞密度较大,则需考虑这部分能量所消耗的底物,该部分能量常称为维持能。

如果底物浓度进一步降低至不足以满足上述维持能对底物的需要,则细胞又会消耗一部分胞内含物,以满足维持细胞生理活动的需要,此时称为细胞的内源代谢或内源呼吸。

上述两种情况下的细胞比生长速率方程可表示为:$\mu = \dfrac{\mu_{max}[S]}{K_S + [S]} - b$

$$(5-23)$$

对维持代谢,b 值与维持系数有关;

对内源代谢,b 为内源代谢速率常数,b 的单位为 $[h^{-1}]$。

(2) 其他非结构模型　Monod 方程虽然表述简单,应用范围广泛,但已经发现,在某些情况下,例如在高细胞密度时,该方程已不适用。因此又陆续提出了其他非结构模型,如表 5-3 所示。

表 5-3　若干非结构模型

提出者	模型方程	参数个数	提出者	模型方程	参数个数
Teissier	$\mu = \mu_{max}\left(1 - e^{-\frac{[S]}{K_S}}\right)$	2	Blackman	$[S] \geqslant 2K_S, \mu = \mu_{max}$　　$[S] < 2K_S, \mu = \dfrac{\mu_{max}[S]}{2K_S}$	2
Moser	$\mu = \mu_{max}\dfrac{[S]^n}{K_S + [S]^n}$	3			
Contois	$\mu = \mu_{max}\dfrac{[S]}{K_s[X] + [S]}$	2	Logistic law	$\mu = \mu_{max}\left(1 - \dfrac{[X]}{K_X}\right)$	2

上述方程中,Teissier 方程被认为是一纯经验型方程;Moser 方程表示了具有高反应级数的底物消耗;Contois 方程描述了在高细胞密度时的细胞生长,当 $[X]$ 增大时,导致底物进入细胞的速率下降,因而细胞的 μ 值减小;Blackman 方程则反映了除底物外,可能还存在其他的限制因素;Logistic law 则为逻辑方程,它综合表示了因营养物匮乏和有毒代谢产物的积累以及细胞浓度等因素对细胞生长速率的负面影响。

3. 代谢产物生成动力学

与细胞生长速率表示方法相同,代谢产物生成速率也有两种不同的表示方式。

一种是以体积为基准,用 r_P 表示,其单位常为 $g \cdot L^{-1} \cdot h^{-1}$。$r_P$ 表示的是单位体积反应液的产物合成速率,它与细胞浓度有关,是进行反应过程设计的重要参数。

另一种是代谢产物比生成速率,用 q_P 表示,其单位为 h^{-1}。q_P 与细胞浓度无关,它表示的是细胞合成代谢产物活性的大小。可用 q_P 定量比较不同微生物细胞的生物合成活性,以有效地筛选菌株。

r_P 与 q_P 的关系为:$r_P = q_P[X]$ \hspace{2cm} (5-24)

细胞反应生成的胞外代谢物产物有醇类、有机酸、抗生素、酶和维生素等,涉及范围很广。由于胞内生物合成途径十分复杂,代谢调节机制也各具特点,至今还难以采用统一的模型来描述代谢产物的生成动力学。

根据产物生成速率与细胞生长速率之间的动态关系,可将其分为下述三种类型。

类型 Ⅰ。生长偶联(相关)型产物。该类型系指产物的生成与细胞的生长密切相关的动力学过程,产物的生成是细胞主要能量代谢的直接结果,是细胞的初级代谢产物。它的动力学特征是:产物生成速率与细胞生长速率是同步和完全偶联的,都在同一时间出现高峰;两者浓度变化的模式相同;产物的生成与底物的消耗有直接的化学计量关系。属于此类型的产物有乙醇、葡萄糖酸和乳酸等。图 5-4(a)表示了该类型的动力学特征曲线。

该类型产物的生成动力学为:$r_P = \alpha r_X$ \hspace{2cm} (5-25)

$$q_P = Y_{P/X} \cdot \mu \hspace{2cm} (5-26)$$

式中:α——与细胞生长偶联的产物生成系数;

$Y_{P/X}$——产物对细胞得率系数。

类型 Ⅱ。生长部分偶联(相关)型产物。该类型系指产物的生成是细胞能量代谢的间接结果,不是底物的直接氧化产物,而是细胞内生物氧化过程的主流产物。产物的生成与底物的消耗仅有时间关系,并无直接的化学计算关系,产物生成与细胞生长仅部分偶联,属于中间类型。其动力学特征是:反应前期,细胞迅速生长而产物生成很少或全无;反应后期,产物则快速生成而细胞也可能出现第二个生长高峰,如图5-4(b)所示。从图可以看出,对此类生成模型,当 μ 和 q_s 下降到一定值后,q_s 增大;那进入产物生成期,q_P、μ 和 q_s 基本同步。属于此类型的产物有柠檬酸和氨基酸等。

该类型产物的生成动力学为:$r_P = \alpha r_X + \beta[X] = (\alpha\mu + \beta)[X]$ (5-27)

$$q_P = \alpha\mu + \beta \qquad (5-28)$$

式中:α——与细胞生长偶联的产物生成系数;

β——与细胞浓度相关的产物生成系数。

式(5-27)又称为 Luedeking-Piret 方程。

类型Ⅲ。非生长偶联(相关)型产物。该类型产物的生成与细胞生长无直接联系。它不是胞内分解代谢或能量代谢的结果,而是由细胞的独立生物合成反应所生成的,它是次级代谢产物。其动力学特征是:当细胞处于高生长速率时,却没有产物生成;当细胞生长速率很小或停止生长时,产物却大量生成。细胞生长和产物生成的两个阶段可以明显加以区分。该类型的产物生成只与细胞的积累量有关。如图5-4(c)所示。

该类型产物的生成动力学为:$r_P = \beta[X]$ (5-29)

$$q_P = \beta \qquad (5-30)$$

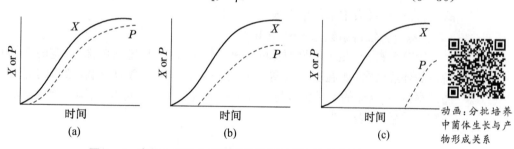

图5-4　产物生成动力学模型的浓度时间变化示意图

动画:分批培养
中菌体生长与产
物形成关系

除上述三种主要模型外,研究者还提出了其他型式产物生成动力学模型,例如:

q_P 与 μ 为负相关模型:$r_P = (q_{P,\max} - Y_{P/X}\mu)[X]$ (5-31)

$$q_P = q_{P,\max} - Y_{P/X}\mu \qquad (5-32)$$

当产物存在分解时,则有:$r_P = q_P[X] - K_P[P]$ (5-33)

$$q_P = (\alpha\mu + \beta) \tag{5-34}$$

式中:K_P——产物分解常数。

二次函数模型:$q_P = A\mu^2 + B\mu + C$ $\qquad$ (5-35)

式中,A、B、C 为常数。该式已用于酶和氨基酸的合成。

4. 底物消耗动力学

对细胞生长反应,所消耗的底物主要用于合成新细胞物质;合成胞外产物;提供所需能量。所提供的能量则用于进行胞内生长反应、进行胞外物质的合成反应、维持能。

若以单位体积反应液中底物的消耗速率来表示底物消耗动力学,则有:

$$r_S = \frac{1}{Y_{X/S}} r_X = \frac{1}{Y_{X/S}} \mu[X] = \frac{1}{Y_{X/S}} \frac{\mu_{max}[S][X]}{K_s + [S]} \tag{5-36}$$

若以单位质量干重细胞在单位时间内的底物消耗量来表示,则称为底物比消耗速率:

$$q_S = \frac{1}{[X]} r_S = \frac{1}{Y_{X/S}} \mu = \frac{1}{Y_{X/S}} \frac{\mu_{max}[S]}{K_s + [S]} = q_{S,max} \frac{[S]}{K_s + [S]} \tag{5-37}$$

其中,$q_{S,max}$ 为底物最大比消耗速率。

(1) 无产物生成时底物消耗动力学 对无胞外产物生成的细胞反应,如生产啤酒酵母和单细胞蛋白,其底物消耗动力学可表示为:$r_S = \frac{1}{Y_G} r_X + m_S[X]$

$$\tag{5-38}$$

式中:Y_G——最大细胞得率系数;

m_S——维持系数,$g \cdot g^{-1} \cdot h^{-1}$。

维持系数 m_S 是微生物菌株的一种特性值,对于特定的菌株、特定的底物和特定的环境因素(如温度、pH 等),它为一常数。维持系数越低,细胞的能量代谢效率越高。m_S 的定义为单位质量干重细胞在单位时间内,因维持代谢所消耗底物的质量,可表示为:

$$m_S = \frac{1}{[X]} \left(\frac{\Delta m_S}{\Delta t} \right) \tag{5-39}$$

式(5-38)表示底物的消耗速率除与细胞生长速率有关外,还与细胞的浓度相关。

式(5-38)两边均除以$[X]$,得到:$q_S = \frac{1}{Y_G} \mu + m_s$ $\qquad$ (5-40)

将式(5-37)代入(5-40)中,则有$\frac{1}{Y_{X/S}} = \frac{1}{Y_G} + \frac{m_S}{\mu}$ $\qquad$ (5-41)

经重排,式(5-41)又表示为:$Y_{X/S} = \dfrac{\mu}{\dfrac{1}{Y_G}\mu + m_S}$ (5-42)

从上式可看出:

当 $m_S = 0$ 时,$Y_{X/S} = Y_G$;

当 m_S 为一常数时:若 $\mu \to 0$,则 $Y_{X/S} \to 0$,底物消耗主要用于维持能;

若 $\mu \to \infty$,则 $Y_{X/S} \approx Y_G$,底物消耗主要用于细胞的生长。

这表明,当细胞生长旺盛时,消耗于维持能的底物量相对较少,可以忽略;当细胞生长速率较小或细胞密度较大时,维持能则不能忽略。

式(5-41)中,Y_G 和 m_S 很难直接测定,而 $Y_{X/S}$ 则容易测出。只要测出细胞在不同比生长速率 μ 下的 $Y_{X/S}$ 值,以 $\dfrac{1}{Y_{X/S}} - \dfrac{1}{\mu}$ 作图,即可求出 Y_G 和 m_S,如图 5-5 所示。

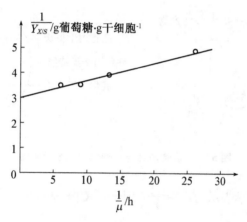

图 5-5 DNA 重组大肠杆菌的 $Y_{X/S}$ 与 $\dfrac{1}{\mu}$ 的关系

式(5-23),有维持能存在时,细胞比生长速率又可表示为:$\mu = \dfrac{\mu_{max}[S]}{K_S + [S]} - Y_G m_S$ (5-43)

对于氧的消耗,同样可表示为:$r_{O_2} = \dfrac{1}{Y_{GO_2}}r_X + m_{O_2}[X]$ (5-44)

$$q_{O_2} = \dfrac{1}{Y_{GO_2}}\mu + m_{O_2}$$ (5-45)

和 $$\dfrac{1}{Y_{X/O_2}} = \dfrac{1}{Y_{GO_2}} + \dfrac{m_{O_2}}{\mu}$$ (5-46)

式中,Y_{GO_2} 为相对于氧的最大细胞得率系数。

（2）有产物生成时底物消耗动力学　底物在细胞内合成产物的模式与产物的生成是否与能量代谢过程相偶联有关。当产物的生成是以产能途径进行时,例如底物水平磷酸化时,不仅提供细胞反应过程所需的能量,同时底物也降解为乙醇、乳酸等简单产物。该模式如图 5-6(a)所示。其特点是:无单独底物流入细胞用于生成产物,所生成的简单产物而消耗的底物则来自于用于支持细胞生长和维持能的底物。产物的生成直接与能量的产生相联系,因此底物消耗速率方程中将不包括单独的用于产物生成项,底物消耗动力学仍可采用式(5-38)和(5-39)。

如果产物的生成不与或仅部分与能量代谢相联系,则用于生成产物的底物或全部或部分系以单独物流入细胞内。该种模式如图 6(b)所示。其特点是:底物的消耗速率取决于细胞生长速率、产物生成速率和其消耗于维持能的速率。生成的胞外产物为多糖、胞外酶和抗生素等。

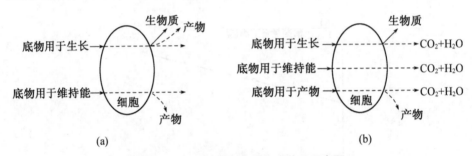

图 5-6　底物消耗与产物生成关系示意图

$$底物消耗动力学表示为:r_S = \frac{1}{Y_G}r_X + m_S[X] + \frac{1}{Y_P}r_P \qquad (5-47)$$

$$q_S = \frac{1}{Y_G}\mu + m_S + \frac{1}{Y_P}q_P \qquad (5-48)$$

式中:Y_P——最大产物得率系数;

q_P——产物比生成速率。

需要指出的是,有关底物消耗动力学的上述讨论都是建立在单一的限制性底物基础上,对实际的细胞反应过程,则包含有多种不同的底物存在,此时底物的消耗和转化机理,可表现为同时消耗、以此消耗和交叉消耗等多种情况,相应的底物消耗动力学模型也变得十分复杂。

5. 细胞反应的产热速率

产热速率的变化反映了细胞活力的大小与细胞代谢与合成所进行的程度。

了解反应的产热速率对实现反应进程的控制、反应热的移除都是十分重要的。

细胞反应的产热速率可表示为：$r_{HV} = q_{hv}[X]$　　　　　(5-49)

$$q_{HV} = \frac{1}{Y_{X/HV}}\mu + \frac{1}{Y_{P/HV}}q_P + m_{HV}$$　　　　(5-50)

式中：r_{HV}——产热速率，$J \cdot L^{-1} \cdot h^{-1}$；

$\quad q_{HV}$——产热比速率，$J \cdot L^{-1} \cdot h^{-1}$；

$\quad Y_{X/HV}$——基于放热量的细胞得率，$g \cdot J^{-1}$；

$\quad Y_{P/HV}$——热量维持系数，$g \cdot J^{-1}$；

$\quad m_{HV}$——热量维持系数，$J \cdot g^{-1} \cdot h^{-1}$。

对需氧细胞反应，亦可用下式求其放热速率：$q_{HV} = \dfrac{1}{Y_{O_2/HV}}q_{O_2} = \Delta H_R^0 q_{O_2}$

　　　　(5-51)

$$r_{HV} = \Delta H_R^0 r_{O_2}$$　　　　　(5-52)

式中：$Y_{O_2/HV}$——氧的热量得率，$g \cdot J^{-1}$；

$\quad \Delta H_R^0$——消耗单位质量氧的反应热，$J \cdot g^{-1}$。

如果已知生成单位质量细胞的反应热 ΔH_R^X 和每消耗单位质量底物的反应热 ΔH_R^S，亦可求出放热速率，即：$r_{HV} = \Delta H_R^X r_X = \Delta H_R^S r_S$　　(5-53)

式中：
$$\Delta H_R^X = K_1 + \frac{K_2}{Y_{X/S}} - K_3\frac{q_P}{\mu}$$　　　　(5-54)

$$\Delta H_R^S = \left(K_1 + \frac{K_2}{Y_{X/S}} - K_3\frac{q_P}{\mu}\right)Y_{X/S}$$　　　　(5-55)

K_1、K_2 和 K_3 分别为底物、细胞和产物的燃烧热和其相对分子量有关的常数。

第四节　分批培养的动力学工程

分批培养又称为间歇培养。它是在反应器中装入培养基、灭菌、接种，然后维持一定的条件进行培养。在培养过程中，除了需氧培养过程需要通入无菌空气，消除泡沫用的消泡剂以及维持一定 pH 所用的酸碱外，不再加入其他物料，待反应进行到一定程度后，将全部反应液放出，进行后处理。对分批培养（如图5-7所示），细胞的生长过程包括延迟期、指数生长期、减速期、静止期和衰亡期。

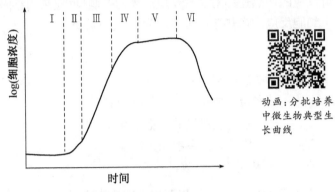

动画:分批培养
中微生物典型生
长曲线

图 5-7　分批培养的生长曲线

Ⅰ—延迟期;Ⅱ—加速期;Ⅲ—指数生长期;Ⅳ—减速期;Ⅴ—静止期;

Ⅵ—死亡期(有时也有Ⅱ期包含在Ⅰ期的情况)

(1) 延迟期　指培养基接种后,细胞质量浓度在一段时间内无明显增加的一个阶段。它是细胞在环境改变后表现出来的一个适应阶段。如果新培养基中含有较丰富的某种营养物质,而在老环境中则缺乏这种物质,细胞在新环境中就必须合成有关的酶来利用该物质,从而表现出延迟期。许多胞内酶需要辅酶或活化剂,它们又是一些小分子或离子,具有较大通过细胞膜的能力,当细胞转移到新环境时,这些物质可能因扩散作用从细胞向外流失,这也是产生延迟期的一个原因。延迟期长短与菌种的种龄和接种量的大小有关。年轻的种子延迟期短,年龄老的种子延迟期长。对于相同种龄的种子,接种量愈大延迟期愈短。

在延迟期内,细胞的质量会稍有增加,但细胞的数目基本不变。当由于细胞接种量过少而造成的延迟期,又称假延迟期,称为二次生长现象。

延迟期的时间一般由实验确定。

(2) 加速期　延迟期末,细胞开始生长,其分裂速率急剧上升,最后达到最大值。这个转换期一般称为加速期,或将其作为延迟期的一部分。其比生长速率 $\mu < \mu_{max}$。

(3) 指数生长期　又称对数期。在此阶段,培养基中营养物质较充分,细胞的生长不受限制,细胞浓度随时间呈指数生长。由于此阶段,细胞分裂繁殖最为旺盛,生理活性最高,因此在工业细胞反应中,常转接处于指数生长期中期的细胞,以保证转接后细胞能迅速生长,微生物反应能快速进行。

在指数生长期内,细胞质量和数量均随时间呈指数增加,并且由于细胞中各组分都以相同速率增加(均衡生长假设),细胞平均组成近似恒定,以细胞质量或细胞数目来确定的细胞比生长速率也是相同的,细胞生长速率与细胞浓度是一级动力学关系。

$$\frac{\mathrm{d}[X]}{\mathrm{d}t}=\mu[X] \tag{5-56}$$

在指数生长阶段,细胞的生长不受基质浓度限制,比生长速率 μ 达到最大值 μ_{max} 并保持不变,因而存在 $\mu=\mu_{max}$,所以 $\dfrac{\mathrm{d}[X]}{\mathrm{d}t}=\mu_{max}[X]$ $\tag{5-57}$

当 $t=0$ 时,$[X]=[X_0]$,则 $\ln\dfrac{[X]}{[X_0]}=\mu_{max}\cdot t$

即:$[X]=[X_0]\cdot e^{\mu_{max}\cdot t}$　(5-58)

细胞质量浓度增加一倍时所需时间为:$t_d=\dfrac{\ln2}{\mu_{max}}=\dfrac{0.693}{\mu_{max}}$　(5-59)

动画:分批培养基质初始浓度对菌体生长的影响

式中:t_d——倍增时间。

微生物细胞 μ_{max} 值较大,倍增时间约为 $0.5\sim5$ h,而动植物细胞 μ_{max} 值则小的多,如动物细胞的倍增时间,约为 $15\sim100$ h,植物细胞倍增时间约为 $24\sim74$ h。

（4）减速期　减速期的存在是由于当细胞大量生长后,培养基中基质浓度下降,加上有害代谢物的积累,使细胞生长速率开始减缓,从而进入减速期。在减速期内,细胞生长速率与细胞浓度仍符合一级动力学关系,即:$\dfrac{\mathrm{d}[X]}{\mathrm{d}t}=\mu[X]$,但其中 μ 值受到基质浓度的限制。

（5）静止期　静止期的出现是由于营养物质已耗尽或有害物质的大量积累,使细胞浓度不再增加,细胞生长速率等于细胞的死亡速率,此时细胞的纯生长速率为零。在此阶段,总的细胞质量浓度可能是不变的,但活细胞的数目却在减少,并且细胞仍存在着代谢活性,产生代谢产物。此时有:

$$\frac{\mathrm{d}[X]}{\mathrm{d}t}=(\mu-k_d)[X]=0 \tag{5-60}$$

式中:k_d——细胞死亡速率。

最大细胞浓度 $[X]_{max}=[X_0]\cdot e^{\mu t}$

（6）衰亡期　衰亡期是由于细胞生长环境严重恶化,活细胞死亡速率加速,其浓度快速下降,但由于有部分活细胞早在静止期内开始死亡,造成静止期与衰亡期有时很难严格区分。

细胞死亡速率也遵循一级动力学:$\dfrac{\mathrm{d}[X]}{\mathrm{d}t}=-k_d\cdot[X]$ $\tag{5-61}$

在某一时间 t,活细胞浓度可表示为:$[X]=[X]_{max}\cdot e^{-k_d\cdot t}$

一般培养过程在死亡期之前结束,但也发现有的过程在死亡期尚有明显的代谢产物产生。表5-4汇总了分批培养时细胞生长阶段的主要特征。

表5-4　分批培养细胞各生长阶段的特征

生长阶段	主要特征	比生长速率	生长阶段	主要特征	比生长速率
延迟期	细胞适应新环境	$\mu \approx 0$	减速期	底物减少；有害产物产生；细胞生长速率减慢	$\mu < \mu_{max}$
加速期	细胞开始生长	$\mu < \mu_{max}$	静止期	细胞停止生长	$\mu \approx 0$
指数生长期	细胞生长速率达到最大	$\mu \approx \mu_{max}$	死亡期	细胞丧失活性并溶菌	$\mu < 0$

第五节　分批发酵动力学

　　在分批发酵过程中，基质浓度、产物浓度以及细胞浓度均随发酵时间的进行而变化，尤其是细胞本身将经历不同的生长阶段。因此，分批发酵的基本特征是：反应物料一次性加入，维持一定的反应条件让其封闭进行，直到产物或细胞生成量达到一定要求后才一次性放出；反应器内物系组成随时间而变化，属于非稳定态过程。但是在菌体生长的最适条件与代谢产物生成的最适条件不同时，可在培养过程中人为地改变这些条件，以获得最大产率。

　　分批操作适合于多品种、小批量、发酵速度较慢的发酵过程，又能够经常进行灭菌操作，因此在生化反应中占有重要地位，目前发酵工业的产品往往采用这种方式生产。分批操作的主要缺点是生产量小，发酵过程为非稳态，不易控制；发酵过程中当有害物质积累或基质以及产物抑制时，对细胞生长不利，生产率水平较低。

　　对于分批培养（图5-8）：$F_i = F_0 = 0$，即 $\dfrac{dV}{dt} = 0$ 　　　　　　　　　　（5-62）

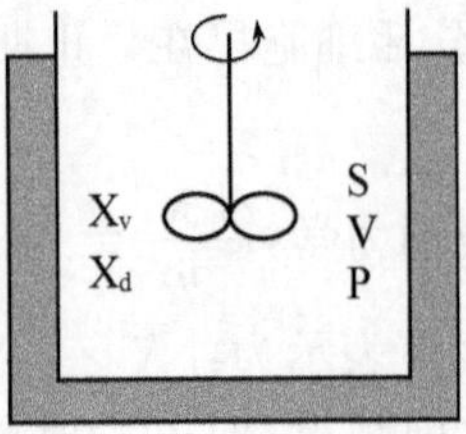

图5-8　分批培养模式图

活细胞浓度:$\dfrac{dX_v}{dt}=r_X$ (5-63)

死细胞浓度:$\dfrac{dX_d}{dt}=r_d$ (5-64)

基质浓度:$-\dfrac{dS}{dt}=r_{sx}+r_{sm}+r_{sp}$ (5-65)

产物浓度:$\dfrac{dP}{dt}=r_P$ (5-66)

式中:r_{sx}——用于细胞生长的底物消耗;

$\quad r_{sm}$——用于代谢维持的底物消耗;

$\quad r_{sp}$——用于产物合成的底物消耗。

同时,细胞生长速率:$r_X=\mu[X]$

$\quad$产物合成速率:$r_P=\alpha r_x+\beta[X]=\alpha\mu[X]+\beta[X]$

$\quad$底物消耗速率:$r_s=r_{sx}+r_{sm}+r_{sp}=\dfrac{\mu}{Y_G}[X]+\dfrac{q_P}{Y_{P/S}}[X]+m_s[X]$

当代谢维持可以忽略时,即:$\dfrac{dX}{[X]dt}=\mu=\dfrac{\mu_{\max}[S]}{K_S+[S]}$ (5-67)

$$\dfrac{dS}{[X]dt}=-\dfrac{\mu}{Y_{X/S}}-\dfrac{q_P}{Y_{P/S}}$$ (5-68)

$$q_P=\dfrac{dP}{[X]dt}=\alpha\mu+\beta$$ (5-69)

其中:μ 不是一常数。

应用 Monod 方程并且不考虑产物的合成,也不考虑代谢维持,只考虑细胞的生长和底物的消耗时(简化模型),$Y_{X/S}$ 是一个恒定值,且 $Y_{X/S}=\dfrac{[X]-[X_0]}{[S_0]-[S]}$

$\quad$生长速率:$\dfrac{dX}{dt}=\dfrac{\mu_{\max}[S]}{K_S+[S]}[X]$

$\quad$细胞对底物得率:$[X]-[X_0]=Y_{X/S}([S_0]-[S])$

整理,得:$\dfrac{dX}{dt}=\dfrac{\mu_{\max}(Y_{X/S}\cdot[S_0]+[X_0]-[X])}{K_S\cdot Y_{X/S}+Y_{X/S}\cdot[S_0]+[X_0]-[X]}\cdot[X]$

积分可得:

$$\dfrac{(K_S Y_{X/S}+Y_{X/S}\cdot[S_0]+[X_0])}{(Y_{X/S}\cdot[S_0]+[X_0])}\ln\left(\dfrac{[X]}{[X_0]}\right)-$$

$$\dfrac{K_S Y_{X/S}}{(Y_{X/S}\cdot[X_0])}\ln\left(\dfrac{Y_{X/S}\cdot[S_0]+[X_0]-[X]}{Y_{X/S}\cdot[S_0]}\right)=\mu_{\max}t$$

对于分批培养而言,$[X_0]\to 0$,则:

$$r_X = \frac{dX}{dt} = \mu_{\max} \frac{(Y_{X/S} \cdot [S_0] + [X_0] - [X])}{K_S \cdot Y_{X/S} + Y_{X/S} \cdot [S_0] - [X]} \cdot [X]$$

或

$$r_X = \frac{dX}{dt} = \frac{\mu_{\max} \cdot [S] \cdot Y_{X/S}([S_0] - [S])}{K_S + [S]}$$

如图 5-9 所示，根据这一结果，可以求出最大细胞生长速率（$r_{X,\text{opt}}$）及其最适基质浓度（$[S]_{\text{opt}}$）。

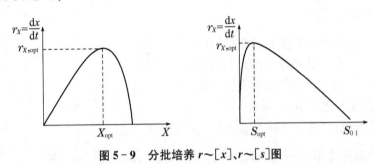

图 5-9　分批培养 $r \sim [x]$、$r \sim [s]$ 图

例 5-1：Monod 在其发表的论文中首次提出了以他名字命名的著名 Monod 方程。作为该方程的实验基础，它提供了在一间歇操作的釜式反应器中进行的四组反应实验结果。反应器中进行的是在乳糖溶液中培养细菌的生长。下面摘录了其中一组实验数据，试用 Monod 方程拟合上述实验数据，并求其动力学参数。

序号	Δt	$\overline{[S]}$	$[X]$	$\Delta[X]$	$\overline{[X]}$	$\frac{1}{[S]} \times 10^3$	$\overline{r_X}$	$\frac{[X]}{r_X}$	$\frac{r_X}{[X]}$
1	0.54	137	15.5~23.0	7.5	19.3	7.3	13.89	1.39	0.72
2	0.36	114	23.0~30.0	7.0	26.5	8.8	19.44	1.36	0.74
3	0.33	90	30.0~38.8	8.8	34.4	11.1	26.67	1.29	0.78
4	0.35	43	38.8~48.5	9.7	43.6	23.3	27.71	1.58	0.63
5	0.37	29	48.5~58.3	9.8	53.4	34.5	26.49	2.02	0.50.
6	0.38	9	58.3~61.3	3.0	59.8	111.1	7.89	7.58	0.13
7	0.39	2	61.3~62.5	1.2	61.9	500.0	3.24	19.12	0.05

解：根据细胞生长动力学，细菌的生长速率可表示为：$r_X = \dfrac{d[X]}{dt} = \mu[X]$

因此，$\mu = \dfrac{r_X}{[X]} = \mu_{max}\dfrac{[S]}{K_S+[S]}$

$$\frac{[X]}{r_X} = \frac{K_S}{\mu_{max}} \times \frac{1}{[S]} + \frac{1}{\mu_{max}}$$

根据实验提供的数据，在一很短的实验时间间隔内，上式可表示为：

$$\overline{r_X} = \frac{\Delta[X]}{\Delta t}$$

$$\frac{\overline{[X]}}{\overline{r_X}} = \frac{K_s}{\mu_{max}} \times \frac{1}{[S]} + \frac{1}{\mu_{max}}$$

以 $\dfrac{\overline{[X]}}{\overline{r_X}} - \dfrac{1}{\overline{[X]}}$ 作图，得到图，图中为一直线，表明细菌在乳糖中的生长符合 Monod 方程，并由该图确定其动力学参数。

根据图 $\dfrac{-1}{K_s} = -0.033$，$K_S = 30.3$，$\dfrac{1}{\mu_{max}} = 1.35$，$\mu_{max} = 0.74$

因此 $r_X = \dfrac{0.74[S][X]}{30.3+[S]}$

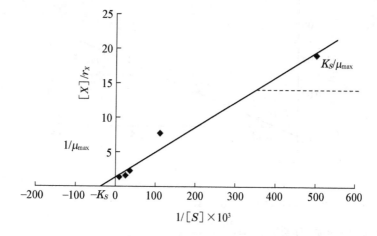

例 5－2：某一发酵过程是在一连续搅拌的釜式反应器中进行，反应基质连续稳定地加入，反应产物连续稳定流出。假设其发酵反应可表示为 $S+P \rightarrow X+P$。

若已知 $[X_0]=0$，$[P_0]=0$，反应器有效体积为 1 L。先改变加入反应器内基质的流量和浓度，同时测定反应器出口未反应基质和细菌的浓度，得到的数据如表。

序号	V(L/h)	$[S_0]$(mol/L)	$[S]$(mol/L)	$[X]$(g/L)	τ_m(h)	$1/[S]$(L/mol)
1	2	200	22	17.8	0.5	0.045
2	4	100	50	5.0	0.25	0.020
3	6	100	85	1.5	0.17	0.012
4	10	250	200	5.0	0.10	0.005

试根据上述数据,确定其速率方程式。

解:根据题意可知,在稳态操作下,做细胞的物料平衡,因反应器内细胞在单位时间内的生长量为 $V_R r_X$,单位时间内从反应器出来的细胞量为 $V[X]$,稳态下两者应相等,故有 $V[X]=V_R r_X$

移项整理,$\dfrac{V}{V_R}=\dfrac{r_X}{[X]}=\mu$

若定义 $\dfrac{V}{V_R}=D$,D 称为稀释率,因此为 h^{-1},故存在:$D=\mu=\mu_{\max}\dfrac{[S]}{K_S+[S]}$

取倒数 $\dfrac{1}{D}=\dfrac{K_S}{\mu_{\max}}\dfrac{1}{[S]}+\dfrac{1}{\mu_{\max}}$,作图

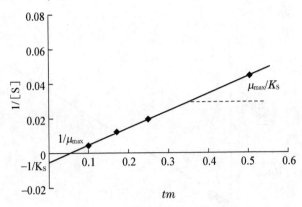

因此求出 $\mu_{\max}=20\ \mathrm{h}^{-1}$,$K_S=200\ \mathrm{mol/L}$

故,细胞生长动力学为 $r_X=\dfrac{20[S][X]}{200+[S]}$

本章小结

微生物反应的本质是化学反应。在生长过程中,微生物从周围环境摄取各

种营养物质,通过各种生化反应合成细胞的结构物质、获取能量、形成各种代谢产物。尽管微生物的生长是一个精细且复杂的过程,但仍然遵循质量和能量守恒定律。在微生物代谢过程中,碳、氢、氧、氮以及其他元素会在错综复杂的生物反应中进行重新组合,对每一种元素来说,用于合成细胞物质或代谢产物的元素总消耗量等于环境中该元素的损失量。从表观上看,微生物某些代谢产物的生成量往往与某些基质(底物)的消耗量或者其他代谢产物(如 CO_2)的生成量呈一定的比例关系。在物质代谢的同时,微生物不断地从环境获得或放出能量,但微生物和环境的总能量保持不变。

微生物反应遵循质量和能量守恒定律,根据质能平衡可以对微生物反应过程中的质量和能量进行计量。本章重点介绍了反应平衡式、得率系数和反应热的相关计量方法。通过微生物反应计量的衡算,可以将细胞生长、基质消耗和产物生成的动力学之间进行关联。质能平衡和计量不仅对生物反应过程优化有极为重要的意义,还能够为生物反应器的设计提供必需的基本信息。质能平衡原理在化工领域被广泛地应用于评价化学反应或者生物反应过程的可行性。

思考题

1. 简述微生物反应的特点及其化学反应的主要区别。

2. 简要回答微生物反应与酶促反应的最主要区别。

3. Monod 方程建立的几点假设是什么?Monod 方程与米氏方程主要区别是什么?

4. 以葡萄糖为底物进行面包酵母的培养,其反应式可用下式表达:
$$C_6H_{12}O_6 + 3O_2 + aNH_3 \rightarrow bC_6H_{10}NO_3(酵母) + cH_2O + dCO_2$$
试求其计量关系中的系数 a、b、c 和 d。

5. 在需氧条件下,以乙醇为底物进行酵母生长的反应式可表示为:
$$C_2H_5OH + aO_2 + bNH_3 \rightarrow cCH_{1.704}N_{0.149}O_{0.405} + dCO_2 + eH_2O$$
试求:(1) 当 $RQ = 0.66$ 时,a、b、c 和 d 的值;(2) 确定 $Y_{X/S}$ 和 Y_{x/o_2} 值。

6. 下面是 Monod 在其发表论文时提供的另一组有关在乳糖溶液中进行菌种分批培养时得到的实验数据:

序号	Δt(h)	$\overline{[S]}$(g·L⁻¹)	$[X]$(g·L⁻¹)	序号	Δt(h)	$\overline{[S]}$(g·L⁻¹)	$[X]$(g·L⁻¹)
1	0.52	158	5.8~22.8	5	0.36	25	48.5~59.6
2	0.38	124	22.8~29.26	6	0.37	19	59.6~66.5
3	0.32	114	29.2~37.8	7	0.38	2	66.5~67.8
4	0.37	94	37.8~48.5				

试根据上述数据,按 Monod 方程确定其动力学参数。

7. 在有氧条件下,杆菌以甲醇为底物进行生长,在进行分批培养时得到数据如下所示。

时间(h)	$[X]$(g·L⁻¹)	$\overline{[S]}$(g·L⁻¹)	时间(h)	$[X]$(g·L⁻¹)	$\overline{[S]}$(g·L⁻¹)
0	0.2	9.23	12	3.2	4.6
2	0.211	9.21	14	5.6	0.92
4	0.305	9.07	16	6.15	0.077
8	0.98	8.03	18	6.2	0
10	1.77	6.8			

试求:(1) μ_{max} 和 K_S 值;(2) $Y_{X/S}$ 值;(3) 细胞质量倍增时间 t_d。

第六章　理想流动生物反应器

生物反应器的操作模型是描述理想生物反应器在不同操作方式时，反应器内所进行的生物反应的动力学特征。它既是在反应器水平上描述生物反应过程的宏观动力学，也是进行生物反应器设计的基础模型。

第一节　操作模型概论

1. 分类

生物反应器的操作模型系指根据反应器的物料加入和流出的操作方式所建立的模型。对同一反应，若在不同操作方式的反应器中进行，则会具有不同的反应物浓度和反应速率，并会得到不同的反应结果。

根据反应器加料和出料方式的不同，可将其分为分批式操作、连续式操作和半分批式操作三个基本操作模型。

（1）分批式（间歇）操作　又称间歇式操作，它的主要特点是反应物料一次性加入和一次性排出，在反应进行的过程中，反应器内外一般无物料的交换，可将其视为在一封闭体系内进行的反应过程；反应器内物料体积维持恒定，并具有相同的反应时间；反应器内的化学和物理状态将随反应时间而变化，细胞生长反应不能始终在最优的条件下进行，反应过程处于非定态操作；分批式操作适合于多品种、小批量的生产过程和反应速率较慢的细胞反应，它又不易发生杂菌污染和菌种变异，因此，它是生物反应中应用最早又最多的一种操作方式。

（2）连续式操作　它的主要特点是反应进行过程中，反应底物连续稳定地输入反应器中，同时反应产物亦以相同流速连续稳定地从反应器中流出，因此，反应器内物料体积保持恒定，反应器内任一位置反应物系的浓度将不随反应时间而变化。连续式操作的优点是反应条件恒定，产品质量稳定、生产效率较高，常用于固定化酶催化反应。对细胞反应，则由于存在染菌和菌种退化。若实施长期操作并维持细胞活性则存在困难，使其反应受到一定限制。它仅适用于遗传性能稳定、反应条件不易受到环境污染的细胞反应过程,如乙醇/丁醇发酵和污水的生化处理过程等。

（3）半分批式操作　它的主要特点是在反应进行过程中,反应物或连续或分批式地加入,而产物则一次性或间断地排出。因此,该种操作方式兼具了分批式和连续式操作的有关特性,在一定程度上弥补了它们的不足。该类操作方式主要用于细胞反应过程。

从该类过程的分批特性和补料方式上进行区分,此类操作包含有下述三种操作模式。

① 流加操作。又称分批操作或半分批操作。该操作是先将少量培养液加入反应器中,并以分批培养的模式进行细胞的培养和生长,当细胞浓度达到一定数值后,即向反应器内加入某种特定的一种或多种限制性底物,即流加过程开始。在其反应过程中,由于加料,致使反应器中的物料体积不断增大。当反应过程结束时将培养液一次性从反应器中排出。

流出操作的主要特点是能够调节细胞生长反应环境中营养物质的浓度。一方面它可以避免由于某种营养成分的初始浓度过高而出现的底物抑制现象;另一方面它又能防止某些限制性营养成分由于在反应过程中被耗尽而影响细胞的生长和产物的形成。因此,它能延长细胞生长稳定期的时间,适合于次级代谢产物合成的特点以提高其产量;也有利于实现细胞的高密度培养。此外,由于限制性底物的加入,反应过程中反应器的有效体积,即物料体积是变化的,这也是流加操作的一个重要特征。

根据不同的反应特点,可采用不同的流加方式。从控制角度可分为无反馈控制流加和有反馈控制流加两种,前者包括恒速流加和指数流加等;后者则是根据测定的限制性底物浓度来调节流加速率或流加液中限制性底物的浓度等。

② 反复流加操作。又称反复半分批式操作。它是在流加操作过程中,定时排出一定数量的反应液,其余部分留作下一阶段流加操作时细胞培养的种子,以此不断地进行流加操作过程。因此,该种操作又称循环式流加操作。它不仅具有前述流加操作的特点,又具有勿需单独进行菌种培养的优点。

③ 反复分批操作。它是在分批式操作过程中,当细胞浓度由于生长反应达到某规定值后,将反应液排出其中的一部分,剩余部分则留下作为下批培养的种子,然后再加入新培养基进行分批培养。与反复流加操作的主要不同是,其培养基为一次性加入,在反应进行的过程中,则无底物的加入,反应器内培养液的体积保持不变,该操作又称为半连续操作。

在上述半分批式的三种操作中,流加操作和反复流加操作由于适用于细胞高密度培养和存在底物抑制与使用缺陷型变异株的细胞反应过程,已成为生物反应器中应用较多的操作模式。

图 6-1 表示了搅拌槽式反应器的三种操作模式及其进行细胞反应时的浓度分布特征的示意图。

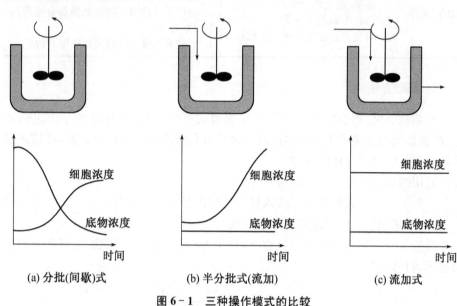

(a) 分批(间歇)式　　(b) 半分批式(流加)　　(c) 流加式

图 6-1　三种操作模式的比较

表 6-1 列出了三种操作模式的各自优缺点。

表 6-1　不同操作模式的优缺点

模式	优点	缺点
分批操作	1. 一般投资较小 2. 易转产、生产灵活 3. 分批操作中某一阶段可获得高的转化率 4. 发酵周期短,菌种退化率小	1. 因放罐、灭菌等原因,非生产时间长 2. 经常灭菌会降低仪器寿命 3. 前培养和种子的花费大 4. 需较多的操作人员或较多的自动控制系统
连续操作	1. 可实现有规律的机械、自动化 2. 操作人员少 3. 反应器体积小、非生产时间少 4. 产品质量稳定 5. 操作人员接触毒害物质的可能性小 6. 测量仪器使用寿命长	1. 操作不灵活 2. 因操作条件不易改变,原料质量必须稳定 3. 若采用连续灭菌,加上控制系统和自动化设备,投资较大 4. 必须不断地排出一些非溶性的固型物 5. 易染菌,菌种易退化

（续表）

模式	优点	缺点
流加操作	1. 操作灵活 2. 染菌、退化的概率小 3. 可获得高的转化率 4. 对发酵过程可实现优化控制	1. 非生产时间长 2. 需较多的操作人员或计算机控制系统 3. 操作人员接触一些病原菌和有毒产品的可能性大 4. 因经常灭菌会降低仪器使用寿命

2. 基础方程

对细胞反应，理想生物反应器操作模型的基础方程，通常是由一组包括底物、产物和细胞反应动力学在内的质量衡算方程来表示。通过该方程，可描述这些状态变量随时间变化的规律。

通用的质量衡算方程表示为：

$$[累积量]=[输入量]-[输出量]\pm[反应量] \tag{6-1}$$

式中：累积量——反应器内某组成的变化速率；

反应量——对底物为其消耗速率，符号为"—"；对产物和细胞为其生成和生长速率，符号为"+"。

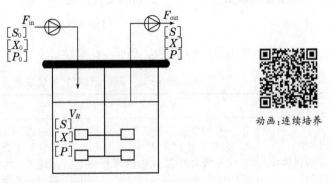

图 6-2　理想混合生物反应器示意图

动画：连续培养

若在如图 6-2 所示的生物反应器内进行细胞反应，该反应器假设为一物料处于完全混合、空间各处的浓度完全均一的理想混合搅拌槽式反应器，则细胞、底物和产物的质量衡算方程可分别表示为：

$$细胞：\frac{\mathrm{d}(V_R[X])}{\mathrm{d}t}=F_{in}[X_0]-F_{out}[X]+V_R r_X \tag{6-2}$$

$$底物:\frac{\mathrm{d}(V_R[S])}{\mathrm{d}t}=F_{\mathrm{in}}[S_0]-F_{\mathrm{out}}[S]-V_Rr_S \tag{6-3}$$

$$产物:\frac{\mathrm{d}(V_R[P])}{\mathrm{d}t}=F_{\mathrm{in}}[P_0]-F_{\mathrm{out}}[P]+V_Rr_P \tag{6-4}$$

$$体积:\frac{\mathrm{d}V_R}{\mathrm{d}t}=F_{\mathrm{in}}-F_{\mathrm{out}} \tag{6-5}$$

式中:V_R——反应器内物料体积,又称有效体积;

$\quad\quad$ F_{in}——进料体积流量;

$\quad\quad$ F_{out}——出料体积流量;

$\quad\quad$ $[X_0]$、$[S_0]$、$[P_0]$——分别为细胞、底物和产物加料浓度;

$\quad\quad$ $[X]$、$[S]$、$[P]$——分别为细胞、底物和产物浓度。

对分批式操作,则有:$F_{\mathrm{in}}=F_{\mathrm{out}}=0,\dfrac{\mathrm{d}V_R}{\mathrm{d}t}=0$;

对连续式操作,则有:$F_{\mathrm{in}}=F_{\mathrm{out}}=F,\dfrac{\mathrm{d}V_R}{\mathrm{d}t}=0$;

对流加操作,则有:$F_{\mathrm{in}}>0,F_{\mathrm{out}}=0,\dfrac{\mathrm{d}V_R}{\mathrm{d}t}>0$。

对不同的操作模式,根据上式特征,可对其操作模型的基础方程进行简化,并在已知反应动力学和操作参数的基础上,确定有关变量的变化特性,进而为生物反应器的设计、优化操作和控制提供必要的理论依据。

3. 操作参数

描述生物反应器的操作性能时,常用的参数有停留时间、转化率、生产率和收率等。

（1）停留时间　停留时间系指从反应物料进入反应器时算起到离开反应器为止所经历的时间。对分批式操作搅拌槽式反应器,所有物料的停留时间是相同的,且等于反应时间;对连续操作的搅拌槽式反应器,则由于物料在反应器内存在停留时间分布,常使用平均停留时间表示。如果反应器体积为 V_R,物料流入反应器中的体积流量为 F,平均停留时间 τ 的定义式为:

$$\tau=\frac{V_R}{F} \tag{6-6}$$

τ 又称空间时间,简称空时。τ 值愈小,表示反应器处理物料能力愈大。

τ 的倒数 $\dfrac{1}{\tau}$ 称为空间速率,简称空率。它表示单位反应器体积单位时间内所处理的物料量,空速愈大,反应器处理能力愈大。

（2）转化率　又称转化分率,它表示供给反应的底物发生反应的分率。表示为:

$$X_S = \frac{\text{反应底物的转化量}}{\text{反应底物的起始量}} = \frac{[S_0] - [S]}{[S_0]} \qquad (6-7)$$

对分批式操作,$[S_0]$为底物初始浓度;$[S]$为反应时间 t 时底物的浓度;

对连续式操作,$[S_0]$为流入反应器中底物浓度,$[S]$为流出反应器的底物浓度。

常用限制性底物为基准来计算其转化率。

（3）反应器生产率　又称反应器生产能力。它表示单位反应器体积、单位时间内产物的生成量。

$$\text{对分批式操作,其定义式为:} P_X = \frac{[P]}{t} = \frac{[S_0][X_S]}{t} \qquad (6-8)$$

式中,$[P]$为 t 时单位反应液体积中产物的生成量。

$$\text{对连续式操作:} P_X = \frac{[P]}{\tau} = \frac{[S_0][X_S]}{\tau} \qquad (6-9)$$

式中,$[P]$为流出液中产物浓度;τ 为物料平均停留时间。

上式定义式中均假设副反应可不予考虑。

对酶催化反应,由于酶的生本成为很高,因此,单位质量酶的生产能力亦成为一个重要指标,以 P_E 表示,有微分值和积分值两种描述方法:

$$\text{微分值:} P_E = \frac{F_{[P]}}{E_T} \qquad (6-10)$$

$$\text{积分值:} P_E = \frac{\int_0^{t_f} F(t)[P](t)\mathrm{d}t}{E_T} \qquad (6-11)$$

式中,E_T 为使用的酶量;t_f 为连续操作时间;F 为反应液流出体积流量。

（4）收率　系指实际产物生成量与底物全部生成目的产物的理论值之比,表示为:

$$Y_P = \frac{[P]}{a_{SP}[S_0]} \qquad (6-12)$$

式中,a_{SP}为 1 mol 底物所能得到产物 P 的摩尔数,它由反应的计量关系所决定。

第二节　间歇操作搅拌反应器

1. 基本操作模型

根据前述的间歇操作搅拌反应器(分批式操作搅拌槽式反应器 Batch Stirred Tank Reactor,BSTR)的特点可以看出:该类反应器的反应物具有相同的反应时间,而反应时间的长短则取决于反应动力学和所要求的反应程度;同时它还需要用于进出物料和清洗等辅助操作时间。

间歇操作一个周期过程如图 6-3 所示。

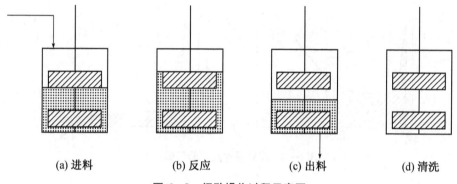

(a) 进料　　　　(b) 反应　　　　(c) 出料　　　　(d) 清洗

图 6-3　间歇操作过程示意图

对间歇操作的搅拌槽反应器,由于其 $F_{in}=F_{out}$,且 V_R 为常数,则根据式(6-2)、(6-3)和(6-4),细胞、底物和产物的质量衡算式分别表示为:

$$\frac{\mathrm{d}[X]}{\mathrm{d}t}=r_x=\mu[X] \tag{6-13}$$

$$\frac{-\mathrm{d}[S]}{\mathrm{d}t}=r_s=q_S[X] \tag{6-14}$$

$$\frac{\mathrm{d}[P]}{\mathrm{d}t}=r_P=q_P[X] \tag{6-15}$$

若以底物的反应程度为基准,则根据式(6-14)进行积分以求得所需的反应时间。

假定:　　　　　　$t=0$ 时,$[S]=[S_0]$,$X_S=0$;

$t=t_r$ 时,$[S]=[S]$,$X_S=X_S$。

则有：
$$t_r = \int_{[S]}^{[S_0]} \frac{d[S]}{r_s} \tag{6-16}$$

和
$$t_r = [S_0] \int_0^{X_S} \frac{dX_S}{r_s} \tag{6-17}$$

t_r 为底物达到某一反应过程时所需要的反应时间。

式(6-16)和式(6-17)为间歇操作搅拌槽式反应器的基本操作模型方程。

可以看出,在间歇操作反应器中进行反应时,反应达到一定程度所需的反应时间仅与该反应动力学,即反应速率快慢有关,而与反应器内物料的多少无关。

对方程(6-16)和(6-17),简单的反应动力学可将其代入直接积分求解;复杂的反应动力学则可用如图6-4所示的图解积分法求解,以确定反应所需时间 t_r。

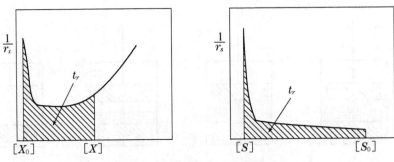

图6-4 间歇操作反应器图解求 t_r

2. 酶催化反应过程的反应时间

（1）均相酶催化反应 由于采用游离酶进行酶催化反应,可以采用粗酶而无需复杂的分离和提纯系统,因此,均相酶催化反应在酶工业中仍占有较大的比例,例如淀粉酶和蛋白质水解酶等催化反应。

对均相酶催化反应,采用具有 pH 和温度控制装置的分批式搅拌槽反应器较为合适。

若为一单底物无抑制型反应,动力学符合 M-M 方程,且无酶的失活,则据式(6-17),可得：

$$t_r = [S_0] \int_0^{X_S} \frac{dX_S}{\dfrac{v_{\max}[S]}{K_m + [S]}} = \frac{[S_0]}{v_{\max}} \int_0^{X_S} \left(1 + \frac{K_m}{[S]}\right) dX_S \tag{6-18}$$

积分得：
$$v_{\max} t_r = [S_0] X_S + K_m \ln \frac{1}{1 - X_S} \tag{6-19}$$

或
$$v_{\max}t_r = ([S_0] - [S]) + K_m\ln\frac{[S_0]}{[S]} \tag{6-20}$$

若存在酶的失活,即活性酶的浓度减少,其速率服从一级失活动力学模型,则有:

$$v_s = -\frac{d[S]}{dt} = \frac{k_{+2}[E_0]\cdot e^{(-k_dt)}\cdot[S]}{K_m + [S]} \tag{6-21}$$

积分可得:
$$[S_0]X_S + K_m\ln\frac{1}{1-X_S} = \frac{k_{+2}[E_0]}{k_d}(1-e^{-k_dt_r}) \tag{6-22}$$

和
$$[S_0] - [S] + K_m\ln\frac{[S_0]}{[S]} = \frac{k_{+2}[E_0]}{k_d}(1-e^{-k_dt_r}) \tag{6-23}$$

由于 M-M 方程中 K_m 的数量级一般为 10^{-3} mol·L^{-1} 以下,若把反应中残存的底物浓度降低到这种程度则需要很长的时间,这是不切实际的。因此,若酶的价格较贵,则一般当底物浓度还大大高于 K_m 值时就终止反应的进行,以减少酶的失活,这是一个合理的选择。此时,M-M 方程就可按零级反应方程处理,式(6-22)可表示为:

$$X_S = \frac{k_{+2}[E_0]}{[S_0]k_d}(1-e^{-k_dt_r}) \tag{6-24}$$

上式中,若 $t_r\to\infty$,则 $X_S = X_{S,\infty} = \dfrac{k_{+2}[E_0]}{[S_0]k_d}$

对 M-M 反应,当 $t_r\to\infty$,其 $X_S = X_{S,\infty}$,所需酶的初始浓度为 $[E_0]_{\min}$,则式(6-22)可表示为:

$$[S_0]X_{S,\infty} + K_m\ln\frac{1}{1-X_{S,\infty}} = \frac{k_{+2}[E_0]_{\min}}{k_d} \tag{6-25}$$

当达到同一转化率时,式(6-24)与式(6-25)可表示为:

$$\frac{[E_0]}{[E_0]_{\min}} = (1-e^{-k_dt_r})^{-1} \tag{6-26}$$

图 6-5 表示了达到给定转化率所必需的初始酶浓度。从图中可以看出,要缩短反应时间 t_r,则必须提高初始酶浓度 $[E_0]$。

(2) 固定化酶催化反应

分批式操作搅拌槽反应器常用于固定化酶催化反应的小规模实验研究。在用于工业生产时,

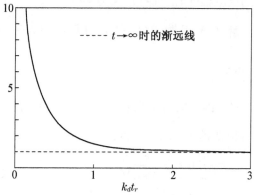

图 6-5　为达到固定转化率所需的初始酶浓度

每批反应结束后要从反应液中分离出固定化酶颗粒,以便反复使用。

对固定化酶催化反应,由于在搅拌反应器中存在高速搅拌,外扩散阻力一般可不予考虑,而仅考虑存在内扩散限制。

反应器有效体积 V_R 中液相物料所占体积分率为 ε_L,固定化酶颗粒所占体积分率为 $(1-\varepsilon_L)$,则单位时间反应器中底物的消耗量应为 $(1-\varepsilon_L)V_R\eta v_S$;累积项为反应器内液相中底物随时间的变化率,则 $\varepsilon_L V_R \dfrac{\mathrm{d}[S]}{\mathrm{d}t}$;做反应器底物衡算式:

$$-\varepsilon_L V_R \frac{\mathrm{d}[S]}{\mathrm{d}t}=(1-\varepsilon_L)V_R\eta v_S \tag{6-27}$$

积分可得到:
$$t_r = \frac{\varepsilon_L}{1-\varepsilon_L}\int_{[S]}^{[S_0]} \frac{\mathrm{d}[S]}{\eta v_S} \tag{6-28}$$

式中:η——内扩散有效因子;

v_S——单位体积固定化酶颗粒在单位时间内,以液相主体浓度为基准时的底物反应速率;

ε_L——空隙率。

例 6-1:在一分批式操作的搅拌式反应器中进行某均相酶催化反应,该反应动力学服从 M-M 方程。底物的初始浓度为 12 mmol·L^{-1};动力学参数 v_{max}＝9 mmol·L^{-1}·h^{-1};K_m＝8.9 mmol·L^{-1};试求:

(1) 若该酶催化剂不存在失活现象,当反应进行到 $[S]=0.1[S_0]$ 时,所需反应时间 t_r 为多少?

(2) 若该酶催化剂存在失活现象,并经测定其半衰期 $t_{\frac{1}{2}}=4.4$ h。若达到同样的反应程度时,所需 t_r 又为多少?

解:(1) 根据式(6-20)可得:$t_r = \dfrac{[S_0]-[S]}{v_{max}} + \dfrac{K_m}{v_{max}}\ln\dfrac{[S_0]}{[S]} = \dfrac{12-1.2}{9} +$

$\dfrac{8.9}{9}\ln\dfrac{12}{1.2}=3.5$ h

(2) 因为酶的半衰期 $t_{\frac{1}{2}}=4.4$ h,则:$k_d = \dfrac{\ln 2}{t_{\frac{1}{2}}} = \dfrac{\ln 2}{4.4} = 0.158$ h^{-1}

根据式(6-23),可得:

$t_r = \dfrac{-1}{k_d}\ln\left[1-\dfrac{k_d}{v_{max}}\left([S_0]-[S]+K_m\ln\dfrac{[S_0]}{[S]}\right)\right] = \dfrac{-1}{0.158}\ln\left[1-\dfrac{0.158}{9}\left(12-\right.\right.$

$\left.\left. 1.2+8.9\ln\dfrac{12}{1.2}\right)\right]=5.0$ h

3. 细胞反应过程的反应时间

在分批操作的搅拌槽式反应器中进行细胞反应时,由于细胞的生长需经历延迟期(包括加速器)、指数生长期、减速期和静止期等多个阶段,难以用同一的生长动力学来描述其生长的全过程。一般可用下述方法估计指数生长期和减速期所需的反应时间 t_r。

(1) 若以达到一定细胞浓度来确定所需反应时间:假定细胞生长仅有一种限制性底物,且符合 Monod 方程,做该反应器细胞质量衡算,则得到下式:

$$\frac{\mathrm{d}[X]}{\mathrm{d}t}=\mu[X]=\frac{\mu_{\max}[S]}{K_S+[S]}[X] \tag{6-29}$$

当所有底物均消耗于细胞生成,得率系数 $Y_{X/S}$ 为一常数,则有:

$$[X]=[X_0]+Y_{X/S}([S_0]-[S]) \tag{6-30}$$

当 $t=0$ 时,$[X]=[X_0]$,$[S]=[S_0]$;

当 $t=t_r$ 时,$[X]=[X]$,$[S]=[S]$。

根据式(6-29)和(6-30),积分得到:

$$\mu_{\max}t_r=\left(1+\frac{Y_{X/S}K_S}{[X_0]+Y_{X/S}[S_0]}\right)\ln\frac{[X]}{[X_0]}-\left(\frac{Y_{X/S}K_S}{[X_0]+Y_{X/S}[S_0]}\right)\ln\frac{[S]}{[S_0]} \tag{6-31}$$

当 $[X]$ 已知,则 $[S]$ 确定,可根据该式求出反应时间 t_r。

若以 $\frac{1}{r_X}\sim[X]$ 对应作图,如图 6-6 所示,图中曲线采用 Monod 方程求出,曲线下所包围面积为 t_r。

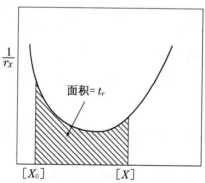

图 6-6　作图法求解细胞分批培养时间 t_r

当 $[S]\gg K_S$ 时,$\mu=\mu_{\max}$,式(6-29)积分得:$\mu_{\max}t_r=\ln\dfrac{[X]}{[X_0]}$ $\hspace{2em}$ (6-32)

或
$$[X]=[X_0] \cdot e^{\mu_{\max}t_r} \tag{6-33}$$

为一指数生长曲线。

如果考虑细胞死亡,则有:$[X]=[X_0] \cdot e^{(\mu_{\max}-k_d)t_r}$ \tag{6-34}

当$[S] \ll K_S$时,$\mu=\dfrac{\mu_{\max}}{K_S}[S]$,则有:

$$\mu_{\max}t_r=\cfrac{K_S}{[S_0]+\cfrac{1}{Y_{X/S}[X_0]}}\ln\cfrac{[S_0][X]}{[S][X_0]} \tag{6-35}$$

为一 S 型曲线。

(2) 若以底物的消耗程度确定 t_r,则根据其质量平衡式,假设底物消耗于细胞生长、维持能和产能生成,且$[S] \gg K_S$,则 $\mu=\mu_{\max}$,并有:

$$\frac{-\mathrm{d}[S]}{\mathrm{d}t}=\left(\frac{\mu_{\max}}{Y_G}+\frac{q_P}{Y_{P/S}}+m_S\right)[X] \tag{6-36}$$

若忽略细胞死亡,即 $k_d=0$,则上式可表示为:

$$\frac{-\mathrm{d}[S]}{\mathrm{d}t}=\left(\frac{\mu_{\max}}{Y_G}+\frac{q_P}{Y_{P/S}}+m_s\right)[X_0]e^{\mu_{\max}t} \tag{6-37}$$

当括号内为常数,积分可得:

$$\mu_{\max}t_r=\ln\left[1+\cfrac{[S_0]-[S]}{\left(\cfrac{1}{Y_G}+\cfrac{q_P}{\mu_{\max}Y_{P/S}}+\cfrac{m_s}{\mu_{\max}}\right)[X_0]}\right] \tag{6-38}$$

为 $t_r \sim [S]$ 关系式。

(3) 若以产物的生成程度确定 t_r,同样根据其质量平衡式,且$[S] \gg K_S$,$\mu=\mu_{\max}$,则有:

$$\frac{\mathrm{d}[P]}{\mathrm{d}t}=q_P[X]=q_P[X_0] \cdot e^{(\mu_{\max}t)} \tag{6-39}$$

当 q_P 为常数,积分可得:

$$\mu_{\max}t_r=\ln\left[1+\frac{\mu_{\max}}{[X_0]q_p}([P]-[P_0])\right] \tag{6-40}$$

为 $t_r \sim [P]$ 关系式。

细胞生长反应动力学复杂时,亦可用数值积分来求解,以求得$[X]$、$[S]$和$[P]$随时间的变化曲线。

例 6-2: Zymomonas mobilis 在分批式操作反应器中的厌氧条件下进行葡萄糖转化为乙醇的反应。已知:$Y_{X/S}=0.06$,$Y_{P/X}^m=7.7$,$m_s=2.2\text{ h}^{-1}$,$r_{\max}=0.3\text{ h}^{-1}$,试确定当$[S] \gg K_S$时,分别满足下述要求所需反应时间 t_r 为多少?

(1) 生产 10 g 生物质;

（2）底物转化率为 0.90；

（3）生产 100 g 乙醇。

解：（1）若通过反应生产 10 g 生物质，则反应器中生物质总量应为 10+5=15 g，浓度 $[X]=\dfrac{15\text{ g}}{50\text{ L}}=0.3$ g·L^{-1}，根据方程（6-32）：$t_r=\dfrac{1}{\mu_{\max}}\ln\dfrac{[X]}{[X_0]}=\dfrac{1}{0.3}\ln\dfrac{0.3}{0.1}=3.7$ h。

（2）当 $X_S=0.90$ 时，则 $[S]=[S_0](1-X_S)=0.1[S_0]=1.2$ g·L^{-1}，因为乙醇的合成系与胞内能量代谢直接耦合，所以式（6-38）可简化为：

$$t_r=\frac{1}{\mu_{\max}}\ln\left[1+\frac{[S_0]-[S]}{\left(\dfrac{1}{Y_{X/S}}+\dfrac{m_S}{\mu_{\max}}\right)[X_0]}\right]=\frac{1}{0.3}\left[1+\frac{12-1.2}{\left(\dfrac{1}{0.06}+\dfrac{2.2}{0.3}\right)0.1}\right]=5.7\text{ h}$$

（3）根据 $q_P=Y^m_{P/X}\mu+m_P$ 和 $\mu=\mu_{\max}$

则　　　　　　　　　$q_P=7.7\times0.3+1.1=3.4$ h^{-1}

因　　　　　　　　　$[P_0]=0,[P]=100$ g/50 L $=2$ g·L^{-1}

根据式（6-40）：$t_r=\dfrac{1}{\mu_{\max}}\ln\left[1+\dfrac{\mu_{\max}}{[X_0]q_P}([P]-[P_0])\right]=\dfrac{1}{0.3}\ln\left[1+\dfrac{0.3}{0.1\times3.4}\times2\right]=3.4$ h

4. 分批操作反应器的有效体积

分批操作反应器有效体积系根据单位时间所处理的物料体积 F 及操作时间来确定。前者由规定的生产任务计算得到，后者则由分批操作一个周期时间来确定。

对一简单的 $S\rightarrow P$ 的液相反应，若要求单位时间内产物的生成量为 P_r，反应物的初始浓度为 $[S_0]$，其转化率为 X_S，则单位时间所处理反应物料的体积应为：

$$F=\frac{P_r}{[S_0]X_S}\tag{6-41}$$

分批操作一个周期的时间分布如图 6-7 所示。

从该图可以看出，分批式操作的一个周期时间为：

$$t_T=t_r+t_b\tag{6-42}$$

$$t_b=t_P+t_l+t_s\tag{6-43}$$

分批式操作搅拌槽式反应器的有效体积为：

$$V_R=F(t_r+t_b)\tag{6-44}$$

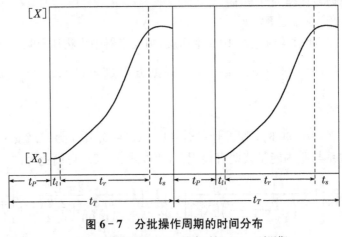

图 6-7 分批操作周期的时间分布

t_T——一个周期时间；t_P——准备时间；t_l——延迟期；

t_r——反应时间；t_s——静止期(收获期)

V_R 为反应器内物料所占据的体积。

例 6-3: 在一间歇操作的反应器内进行一均相的无抑制的酶催化反应，已经测得该酶催化反应的动力学参数为 $k_{+2}=1\ \text{min}^{-1}$，$K_m=2\ \text{mol/L}$，加入酶的初始浓度 $[E_0]=1\ \text{mol/L}$。加入反应底物的初始浓度为 $2\ \text{mol/L}$。

试求，要求每 $1\ \text{h}$ 生产某产品 $1\ 000\ \text{mol}$。反应底物的转化率为 0.80，并且每一操作周期内所需要的辅助时间为 $10\ \text{min}$。此时所需要的反应器有效体积 V_R 为多少？

解：先求出达到一定转化率所需反应时间，本反应符合 M-M 方程，得

$$X=\frac{[S_0]-[S]}{[S]}\Rightarrow[S]=[S_0](1-X_s)$$

$$t_r=\frac{[S_0]-[S]}{v_{\max}}+\frac{K_m}{v_{\max}}\ln\frac{[S_0]}{[S]}=\frac{X_s[S]}{v_{\max}}+\frac{K_m}{v_{\max}}\ln\frac{1}{1-X_s}$$

其中 $\qquad v_{\max}=k_{+2}[E_0]=1\times1=1\ \text{mol/(L}\cdot\text{min)}$

代入，得 $t_r=4.82\ \text{min}$

根据式(6-44)，即反应器有效体积 $V_R=F(t_r+t_b)$

其中，根据式(6-41)，单位时间内得到的产物量 $F=\dfrac{P_r}{[S_0]X_s}=\dfrac{1\ 000/60}{2\times0.80}=$

$10.42\ \text{L/min}$

所以，反应器有效体积 $V_R=10.42\times(4.82+10)=154.4\ \text{L}$

第三节　连续操作搅拌槽式反应器

1. 基本操作模型

连续操作搅拌槽式反应器(Continuous Stirred Tank Reactor, CSTR)由于反应进行过程中物料连续稳定地加入和流出,反应器内无浓度梯度存在等特点,因此定态下操作的连续搅拌槽式反应器的最重要特征是反应器内反应物系的反应速率既不随空间位置而变,亦不随反应时间而变,始终保持等速操作。

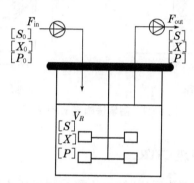

图 6 - 8　理想混合生物反应器示意图

根据图 6 - 8,对单级 CSTR,有 $F_{in}=F_{out}=F$,V_R 为常数,则细胞、底物和产物的质量平衡式可表示为:

细胞:
$$V_R \frac{d[X]}{dt}=F([X_0]-[X])+V_R r_X \tag{6-45}$$

底物:
$$V_R \frac{d[S]}{dt}=F([S_0]-[S])-V_R r_s \tag{6-46}$$

产物:
$$V_R \frac{d[P]}{dt}=F([P_0]-[P])+V_R r_P \tag{6-47}$$

根据式(6 - 46),在定态操作下,$\frac{d[S]}{dt}=0$,则:

$$\tau_m=\frac{V_R}{F}=\frac{[S_0]-[S]}{r_s}=\frac{[S_0]X_S}{r_s} \tag{6-48}$$

τ_m 为 CSTR 的空时,即物料在 CSTR 中的平均停留时间。

τ_m 的倒数为 CSTR 的空速,空速的大小表示了 CSTR 生产能力的大小。

对细胞反应,亦将其空速称为稀释率,以 D 表示,D 与 τ_m 的关系式为:

$$D=\frac{F}{V_R}=\frac{1}{\tau_m} \qquad (6-49)$$

式(6-48)是 CSTR 的基本操作模型方程。该式为一代数关系式,只要将某反应动力学方程和有关操作参数代入,就能确定 τ_m 或 V_R 值。

图 6-9 表示确定 τ_m 值的图解法。

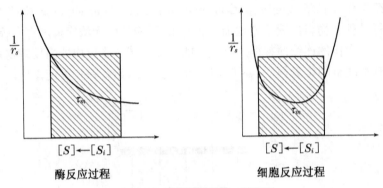

酶反应过程　　　　　　　　细胞反应过程

图 6-9　图解法确定 τ_m 示意图

2. 酶催化反应的单级 CSTR

在 CSTR 中进行酶催化反应时,由于酶的制备成本较高,所以在反应过程中需将酶保留在反应器内,而不使其随物料流出。采用的方法是:或在反应器出口处装有超滤器;或采用固定化酶颗粒并在反应器出口处装有筛网;或将物料以较高流速通过固定化酶反应器,使其反应体系亦可视为具有 CSTR 的操作特性。图 6-10 为上述方法的示意图。

(1) 均相酶催化反应　将 M-M 方程代入式(6-48),则有:

$$v_{\max}\tau_m=([S_0]-[S])+K_m\frac{[S_0]-[S]}{[S]} \qquad (6-50)$$

$$v_{\max}\tau_m=[S_0]X_S+K_m\frac{X_S}{1-X_S} \qquad (6-51)$$

(2) 固定化酶催化反应　由于 CSTR 中存在液-固两相的传质影响,底物质量衡算式为:

$$F_{[S_0]}=F_{[S]}+(1-\varepsilon_L)V_R\eta v_S \qquad (6-52)$$

式中:v_S——以固定化酶颗粒体积为基准的底物消耗速率;

ε_L——CSTR 中液相体积分率;

η——固定化酶颗粒的有效因子。

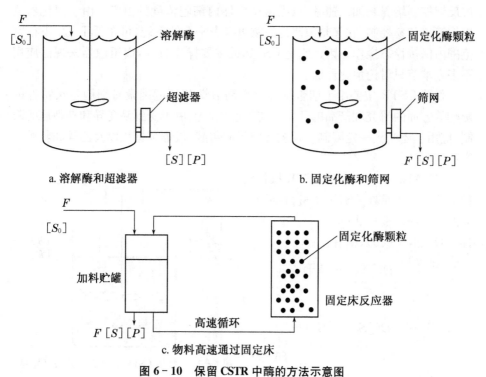

a. 溶解酶和超滤器

b. 固定化酶和筛网

c. 物料高速通过固定床

图 6-10 保留 CSTR 中酶的方法示意图

经整理,式(6-53)表示为:

$$\tau_m = \frac{V_R}{F} = \frac{[S_0]-[S]}{(1-\varepsilon_L)\eta v_S} = \frac{[S_0]X_S}{(1-\varepsilon_L)\eta v_S} \tag{6-53}$$

由于 CSTR 中反应物系浓度不随空间位置和时间而变化,若不考虑催化剂的失活,则 η 和 v_S 均可视为定值。

若 v_S 符合 M-M 方程,则:

$$v_{\max}\tau_m(1-\varepsilon_L)\eta = [S_0]X_S + K_m\frac{X_S}{1-X_S} \tag{6-54}$$

3. 细胞反应的单级 CSTR

在 CSTR 中进行细胞反应,只要反应器中含有一定量的细胞,即使所加入的物料中不含有细胞,但在一定进料范围内,它也能实现 CSTR 的稳态操作。

根据其达到稳定状态的方法不同,可将其分为恒化器法和恒浊器法两种。前者是指在连续培养过程中,保持稳定地进料和出料速率,通过细胞自身的生长与代谢特性,致使反应过程达到稳定态;后者则是预先确定细胞浓度(浊度),通过反馈控制培养基加入速率,以维持反应器内细胞浓度的恒定。由于恒化器法操作简单和易控制,它又是限制性底物可自身平衡的系统,可在低于 μ_{max} 下很宽范围内保持稳态操作。因此它是 CSTR 的主要操作方式,而恒浊器法现已应用不多。本节只讨论恒化器法。

目前 CSTR 主要用于细胞反应过程动力学和环境因素对细胞生长特性的影响等方面的研究和产品的开发。在工业生产上由于受到易变异和易染菌的限制,应用上还受到一定限制。现主要用于面包酵母、葡萄糖酸以及乙醇和乳酸等产品的生产。

(1) Monod 动力学的 CSTR 操作特性 图 6-11 是在 CSTR 中进行细胞反应的示意图。根据式(6-45)、(6-46)、(6-47)和(6-49),则有:

$$\frac{d[X]}{dt}=D([X_0]-[X])+r_X$$

$$(6-55)$$

$$\frac{d[S]}{dt}=D([S_0]-[S])-r_S$$

$$(6-56)$$

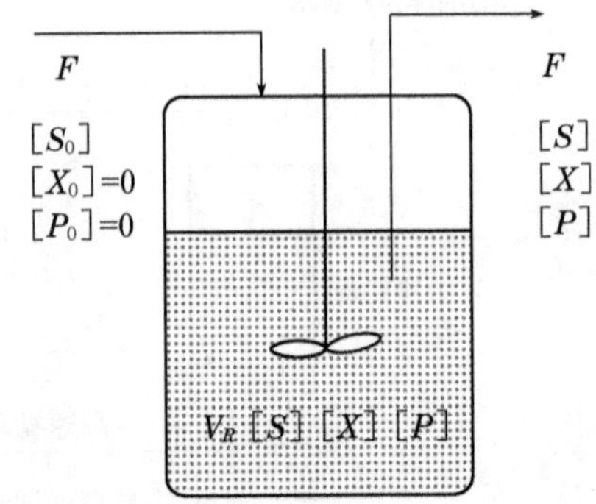

图 6-11 单级 CSTR 进行细胞反应示意图

$$\frac{d[P]}{dt}=D([P_0]-[P])+r_P$$

$$(6-57)$$

若 $[X_0]=[P_0]=0$,CSTR 达到稳态操作,又有:

$$\frac{d[X]}{dt}=\frac{d[S]}{dt}=\frac{d[P]}{dt}=0 \qquad (6-58)$$

$$r_X=D[X] \qquad (6-59)$$

$$r_S=D([S_0]-[S]) \qquad (6-60)$$

$$r_P=D[P] \qquad (6-61)$$

又因 $r_X=\mu[X]$,根据式(6-59),则存在: $\mu=D$ (6-62)

式(6-62)表示了 CSTR 达到稳态操作时,细胞比生长速率与其稀释率值相等,这是单级 CSTR 的重要操作特性。

μ 是细胞的生长特性,而 D 则是操作参数,这表明,可通过改变加料速率(或 V_R)就很容易改变稳态下单级 CSTR 的细胞比生长速率,从而达到控制细胞的生长活性。因此,CSTR 可用以固定细胞的比生长速率。

若细胞生长符合 Monod 方程,稳态下则有:

$$D=\mu=\frac{\mu_{\max}[S]}{K_S+[S]}\qquad(6-63)$$

此时 CSTR 中的$[S]$、$[X]$和$[P]$为:$[S]=\dfrac{K_S D}{\mu_{\max}-D}\qquad(6-64)$

$$[X]=Y_{X/S}\left([S_0]-\frac{K_S D}{\mu_{\max}-D}\right)\qquad(6-65)$$

$$[P]=Y_{P/S}\left([S_0]-\frac{K_S D}{\mu_{\max}-D}\right)\qquad(6-66)$$

细胞生长速率和产物生成速率分别为:

$$r_X=D[X]=Y_{X/S}D\left([S_0]-\frac{K_S D}{\mu_{\max}-D}\right)\qquad(6-67)$$

$$r_P=D[P]=Y_{P/S}D\left([S_0]-\frac{K_S D}{\mu_{\max}-D}\right)\qquad(6-68)$$

从式(6-64)可以看出,稳态下$[S]$值的大小主要由 D 来决定,而与$[S_0]$无关。当低 K_S 值时,随 D 的增加,$[S]$开始缓慢增加,当 D 很大时,$[S]$则增加明显;当高 K_S 值时,随 D 的增加,$[S]$开始快速增加,当 D 很大时,$[S]$则呈渐进式的增加。所以,K_S 值影响到$[S]$曲线上升部分的曲率,K_S 值愈小,则曲线愈陡。

从式(6-65)可以看出,稳态下$[X]$值的大小主要取决于$[S_0]$和 D。当提高$[S_0]$值,可使$[X]$值增加,而$[S]$值不变;若提高 D 值,则$[X]$值下降。

图 6-12 表示了 CSTR 中稳态的细胞浓度、底物浓度和细胞生产能力随稀释率变化的规律。

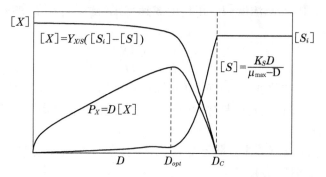

图 6-12　CSTR 中稳态$[X]$、$[S]$和$[X]$随 D 变化的曲线

从该图可明显看出,操作变量 D 有两个重要的特征值需要进行讨论。

第一,临界稀释率 D_C。从图 6-12 可看出,随着 D 的增大,反应器内$[X]$在减少,而$[S]$在增大。当 $D=D_C$ 时,则有$[X]=0$,$[S]=[S_0]$和 $D[X]=0$。此时

称为洗出状态,并有:

$$D_C = \mu_{\max} \frac{[S_0]}{K_S + [S_0]} \tag{6-69}$$

D_C 是 CSTR 的重要操作参数,它是操作中所允许的上限,若超过此稀释率,CSTR 则无法进行细胞的连续培养,临界稀释率的大小取决于细胞的生长动力学特性以及加料中限制性底物的浓度,它是由 $\mu_{\max}$、K_S 和 $[S_0]$ 所共同决定的。在 $[S_0] \gg K_S$ 时,则 $D_C \approx \mu_{\max}$。

第二,最佳稀释率 D_{opt}。从图 6-12 还可以看出:随 D 的增大,细胞的生产能力 P_X 有一最大值,相应的稀释率称为最佳稀释率 D_{opt}。

若令
$$\frac{\mathrm{d}r_X}{\mathrm{d}D} = 0 \tag{6-70}$$

则有
$$D_{\mathrm{opt}} = \mu_{\max}\left(1 - \sqrt{\frac{K_S}{K_S + [S_0]}}\right) \tag{6-71}$$

此时 CSTR 中的细胞浓度为:

$$[X]_{\mathrm{opt}} = Y_{X/S}([S_0] + K_S - \sqrt{K_S(K_S + [S_0])}) \tag{6-72}$$

细胞最大生产速率为:

$$r_{X,\max} = D_{\mathrm{opt}} \cdot [X]_{\mathrm{opt}} = Y_{X/S}\mu_{\max}(\sqrt{[S_0] + K_S} - \sqrt{K_S})^2 \tag{6-73}$$

若 $[S_0] \gg K_S$ 时,则有 $r_{X,\max} = Y_{X/S}\mu_{\max}[S_0]$ \hfill $(6-74)$

从图 6-12 还可以看出:在细胞生产能力为最大值附近,细胞生产能力对稀释率的变化十分敏感,为了保证体系的操作稳定性,一般都选择在小于 D_{opt} 的条件下操作。

在 CSTR 中,产物浓度 $[P]$ 和其生成速率 r_P 随稀释率 D 的变化,根据式(6-61),则有:

$$[P] = \frac{r_p}{D} = \frac{q_P[X]}{D} \tag{6-75}$$

如果 q_p 与 μ 严格相关,则随 D 的增加,q_P 亦增大,$[P]$ 和 $D[P]$ 随 D 的变化同 $[X]$ 和 $D[X]$ 随 D 变化的趋势相同,即随 D 的增加,$[P]$ 减少,$D[P]$ 有一最大值(图 6-13(a))。

如果 q_p 与 μ 无关,则 q_p 将不受 D 的影响,当 D 增加时,$[P]$ 下降,而 $D[P]$ 维持不变(图 6-13(b))。

如果 q_p 与 μ 为部分相关,则其关系较复杂(图 6-13(c)):

$$[P] = (\alpha + \frac{\beta}{D})[X] \tag{6-76}$$

$$D[P] = (\alpha D + \beta)[X] \tag{6-77}$$

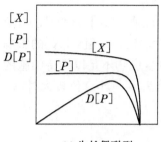 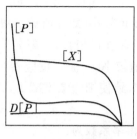 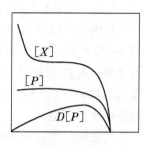

(a) 生长偶联型　　　　　(b) 生长非偶联型　　　　　(c) 生长半偶联型

图 6 - 13　CSTR 稳态下 D 对 $[X]$、$[P]$ 和 $D[P]$ 的影响

（2）存在维持能和内源代谢的 CSTR 操作特性　对细胞生长反应，当其比生长速率较大时，维持能和内源代谢对细胞生长则可以忽略。但当比生长速率较小时，维持能和内源代谢对细胞生长的动力学特性就会有显著影响。

若考虑维持能，CSTR 为稳态操作，则细胞的质量平衡方程不变，仍存在 $\mu = D$，其稳态解仍为式（6 - 64）和（6 - 64）。但对底物的质量平衡方程为：

$$\frac{\mathrm{d}[S]}{\mathrm{d}t} = D([S_0] - [S]) - \frac{1}{Y_G}\mu[X] - m_S[X] \qquad (6-78)$$

稳态时的细胞浓度为：

$$[X] = \frac{D([S_0] - [S])}{m_S + \frac{1}{Y_G}D} \qquad (6-79)$$

若以稳态时 $[X]$ 和 $[S]$ 对 D 作图，如图 6 - 14 所示。

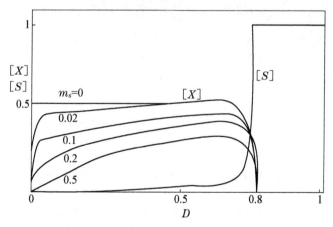

图 6 - 14　维持能对 CSTR 操作特性的影响

$(\mu_{\max}=0.8\ \mathrm{h}^{-1},K_S=0.01\ \mathrm{g\cdot L^{-1}},Y_{X/S}=0.5,[S_0]=1\ \mathrm{g\cdot L^{-1}})$

从图中可以看出,当 D 值较小(即 μ 值较小)时,m_S 值对 $[X]$ 的影响较大,随着 m_S 的增大,$[X]$ 逐渐下降;当 D 值较大(即 μ 值较大)时,m_S 值对 $[X]$ 的影响可忽略。这是因为,当 D 值较小时,流入反应器中少量底物不足以维持细胞的生理活性,所以当 m_S 增加,致使细胞浓度减少,直至为零。当 D 值较大时,m_S 的影响则可忽略。

考虑维持能时的细胞得率系数为:

$$Y_{X/S}=\frac{[X]}{[S_0]-[S]}=\frac{DY_G}{D+m_SY_G}\qquad(6-80)$$

从式(6-80)可以看出,$Y_{X/S}$ 随 D 的增大而增大,当 D 为很大时,$Y_{X/S}\approx Y_G$;当 D 趋于零时,$Y_{X/S}$ 亦趋于零。

例 6-4:在甘露醇中培养大肠杆菌,其动力学方程为

$$r_X=\frac{1.2[S]}{2+[S]}[X](\mathrm{g\cdot L^{-1}\cdot min^{-1}})$$

已知 $[S_0]=6\ \mathrm{g\cdot L^{-1}}$,$Y_{X/S}=0.1$。试求:

(1) 当甘露醇溶液以 $1\ \mathrm{L\cdot min^{-1}}$ 的流量进入体积为 $5\ \mathrm{L}$ 的 CSTR 中进行反应时,其反应器内细胞的浓度及其生长速率为多少?

(2) 如果寻求使大肠杆菌在 CSTR 内的生长速率达到最大,试求最佳加料速率为多少? 大肠杆菌的生长速率为多大?

解:(1) CSTR 在稳态下有 $\mu=D=\dfrac{F}{V_R}=\dfrac{1}{5}=0.2\ \mathrm{min}^{-1}$

又 $\mu=\mu_{\max}\dfrac{[S]}{K_S+[S]}$,故有 $0.2=\dfrac{1.2[S]}{2+[S]}$,解得 $[S]=0.4\ \mathrm{g\cdot L^{-1}}$

$$[X]=Y_{X/S}([S_0]-[S])=0.1\times(6-0.4)=0.56\ \mathrm{g\cdot L^{-1}}$$

$$r_X=\mu[X]=0.2\times0.56=0.112\ \mathrm{g\cdot L^{-1}\cdot min^{-1}}$$

(2) 在细胞生长速率最大时,最佳加料速率 $F_{\mathrm{out}}=D_{\mathrm{opt}}V_R$

$$D_{\mathrm{opt}}=\mu_{\max}\left(1-\sqrt{\frac{K_S}{K_S+[S_i]}}\right)=1.2\times\left(1-\sqrt{\frac{2}{2+6}}\right)=0.6\ \mathrm{min}^{-1}$$

$$F_{\mathrm{opt}}=0.6\times5=3\ \mathrm{L\cdot min^{-1}}$$

$$r_{X,\max}=(P_X)_{\max}=D_{\mathrm{opt}}Y_{X/S}\left([S_i]-\frac{K_SD_{\mathrm{opt}}}{\mu_{\max}-D_{\mathrm{opt}}}\right)$$

$$=0.6\times0.1\times\left(6-\frac{2\times0.6}{1.2-0.6}\right)=0.24\ \mathrm{g/(L\cdot min)}$$

例 6-5:在一 60 L 的 CSTR 中进行 zymomomas mobilis 细胞的培养,并在

厌氧条件下使葡萄糖转化为乙醇。若已知：$[S_0]=12\text{ g}\cdot\text{L}^{-1}$，$K_S=0.2\text{ g}\cdot\text{L}^{-1}$；$Y_G=0.06$；$Y^m_{P/X}=7.7$；$\mu_{\max}=0.3\text{ h}^{-1}$，$m_S=2.2\text{ h}^{-1}$，$m_P=1.1\text{ h}^{-1}$。

试求：(1) 当$[S]=1.5\text{ g}\cdot\text{L}^{-1}$时，加料速率 $F=?$

(2) 在上述加料速率下，$[X]=?$

(3) 在上述加料速率下，$[P]=?$

解：(1) $[S]=1.5\text{ g}\cdot\text{L}^{-1}$，可求出：$D=\dfrac{\mu_{\max}[S]}{K_S+[S]}=\dfrac{0.3\times1.5}{0.2+1.5}=0.26\text{ h}^{-1}$

$$F=DV_R=0.26\times60=15.6\text{ L}\cdot\text{h}^{-1}$$

(2) 由于乙醇的生成与细胞能量代谢有关，所以：

$$[X]=\frac{D([S_0]-[S])}{m_S+\dfrac{D}{Y_G}}=\frac{0.26(12-1.5)}{2.2+\dfrac{0.26}{0.06}}=0.42\text{ g}\cdot\text{L}^{-1}$$

(3) 由于乙醇发酵反应，为生长偶联型产物，所以在$[P_0]=0$时有：

$$[P]=\frac{q_P[X]}{D}$$

又 $$q_P=Y^m_{P/X}\mu+m_P$$

因 $\mu=D$，$q_P=Y^m_{P/X}D+m_P=7.7\times0.26+1.1=3.1\text{ h}^{-1}$

所以 $$[P]=\frac{3.1\times0.42}{0.26}=5.0\text{ g}\cdot\text{L}^{-1}$$

第四节　带有细胞循环的单级 CSTR

为增加反应器中的细胞浓度，以提高细胞自催化反应能力和反应器的操作稳定性，可将反应器流出液中的部分细胞经沉降、离心或过滤等方法加以浓缩后，重新循环回到反应器中，即为带有细胞循环的 CSTR，如图6-15所示。

做细胞和底物的质量衡算：

细胞：

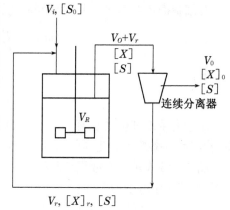

图 6-15　有细胞循环的 CSTR

$$V_R \frac{\mathrm{d}[X]}{\mathrm{d}t} = V_i[X_0] + V_r[X]_r + V_R\mu[X] - (V_O+V_r)[X] \qquad (6-81)$$

在稳态下: $\frac{\mathrm{d}[X]}{\mathrm{d}t}=0, [X]_0=0, \frac{V_i}{V_R}=D$。

定义:物料循环体积比: $R=\frac{V_r}{V_i}>0$,细胞浓缩系数: $\beta=\frac{[X]_r}{[X]}>1$

则 $$V_r=RV_i, [X]_r=\beta[X]$$

经整理,式(6-81)可表示为: $D=\frac{\mu}{1+R-R\beta}=\frac{\mu}{W}$

或 $$\mu=DW \qquad (6-82)$$

由于从反应器中流出细胞要多于循环的细胞,因此有 $1+R-R\beta>0$;又因 $\beta>1$,则 $1+R-R\beta<1$,所以有 $0<W<1$,故式(6-82)中 $D>\mu$。

底物: $V_R\frac{\mathrm{d}[S]}{\mathrm{d}t}=V_i[S_0]+RV_i[S]-\frac{1}{Y_{X/S}}\mu V_R[X]-(1+R)V_O[S] \qquad (6-83)$

稳态下,经整理,该式为: $D([S_0]-[S])=\frac{1}{Y_{X/S}}\mu[X]$

$$[X]=\frac{Y_{X/S}}{W}([S_0]-[S]) \qquad (6-84)$$

该式表明,有细胞循环时,反应器中细胞浓度为其无循环时的 $\frac{1}{W}$ 倍。

又有 $$[S]=\frac{K_S WD}{\mu_{\max}-WD} \qquad (6-85)$$

$$[X]=\frac{Y_{X/S}}{W}\left([S_0]-\frac{K_S WD}{\mu_{\max}-WD}\right) \qquad (6-86)$$

有细胞循环 CSTR 的临界稀释率为:

$$D_{C_r}=\frac{1}{W}\frac{\mu_{\max}[S_0]}{K_S+[S_0]} \qquad (6-87)$$

所以 $$D_{C_r}=\frac{1}{W}D_C \qquad (6-88)$$

即 $$D_{C_r}>D_C$$

由于有浓缩细胞的循环,CSTR 的临界稀释率提高,允许的加料速率亦提高;若加料速率维持不变,则所需反应器有效体积可减小。

图 6-16 表示了有或无细胞循环时,反应器内 $[X]$ 和 $D[X]$ 变化的比较,其中下标"r"表示有细胞循环。

从图 6-16 可看出,对细胞进行提纯后并循环,可明显提高 CSTR 中的 $[X]$ 和 $D[X]$ 值。但需指出,如果不进行细胞提纯,即 $\beta=1$,而仅仅循环,则无上述结果。

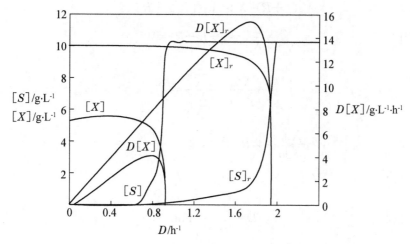

图 6 - 16 CSTR 有无细胞循环时的比较

例 6 - 6:在一有细胞浓缩与循环的 CSTR 中进行下述细胞反应过程:

$$r_X = \frac{2[S]}{1+[S]}[X](g \cdot L^{-1} \cdot min^{-1})$$

若已知:$[X_0]=0$,$[S_0]=3\ g \cdot L^{-1}$,$V_i=1\ L \cdot min^{-1}$,$Y_{X/S}=0.5$,$V_R=1\ L$,$R=1/2$,$[X]_r=4[X]_O$(如图 6 - 17 所示)。试求:$[S]$、$[X]$、$[X]_r$ 和 $[X]_O$ 各为多少?

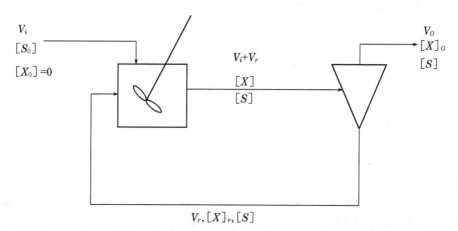

图 6 - 17 有细胞循环 CSTR

解:做细胞分离器的平衡:$(V_i+RV_i)[X]=V_i[X]_O+RV_i[X]_r$

或 $\qquad V_i(1+R)[X]=V_i([X]_o+R\beta[X])$

则 $\qquad \dfrac{[X]_o}{[X]}=1+R-R\beta=W$

$$\dfrac{[X]_r}{[X]_o}=\dfrac{\dfrac{[X]_r}{[X]}}{\dfrac{[X]_o}{[X]}}=\dfrac{\beta}{W}$$

因已知 $\qquad \dfrac{[X]_r}{[X]_o}=4, R=1/2, 则\dfrac{\beta}{1+R-R\beta}=4$

求得 $\qquad \beta=2, W=\dfrac{1}{2}$

又因 $\qquad D=\dfrac{V_i}{V_R}=1 \text{ min}^{-1}$

所以 $\qquad [S]=\dfrac{K_sWD}{\mu_{\max}-WD}=\dfrac{1\times\dfrac{1}{2}\times 1}{2-\dfrac{1}{2}\times 1}=\dfrac{1}{3} \text{ g}\cdot\text{L}^{-1}$

$$[X]=\dfrac{Y_{X/s}}{W}([S_0]-[S])=\dfrac{0.5}{0.5}\left(3-\dfrac{1}{3}\right)=\dfrac{8}{3} \text{ g}\cdot\text{L}^{-1}$$

$$[X]_o=W[X]=\dfrac{1}{2}\times\dfrac{8}{3}=\dfrac{4}{3} \text{ g}\cdot\text{L}^{-1}$$

$$[X]_r=4[X]_o=4\times\dfrac{4}{3}=\dfrac{16}{3}\text{g}\cdot\text{L}^{-1}$$

第五节　连续活塞流反应器

1. 基本操作模型

连续活塞流反应器(Continuous Plug Flow Reactor,CPFR)又称连续操作管式反应器,操作特点是:① 反应进行过程中,反应物恒速连续加入和反应产物连续排出;② 流体在反应器内沿流动方向以恒速向前流动,流体微元在反应器内的停留时间相同;③ 流体的流动方向上不存在流体的轴向混合,即不存在返混;而在垂直于流体流动方向的任一截面上,即径向上其流速均一、混合均匀、流体如活塞一样有序地沿轴向流动,故称为活塞流模型或平推流模型。

讨论 CSTR 操作模型时,假设反应器内无浓度梯度存在,流体的混合程度达到了最大,又称为全混流模型。平推流与全混流的根本差别是,前者轴向无返混存在;后者的返混程度达到最大,两者都是理想的流动模型。相应的反应器则称为理想生物反应器。实际工业生物器的流动状况则为上述两种理想流动模型状况之间。

对 CPFR 做底物质量平衡时,需考虑反应器内底物在其流动方向上,即轴向上存在着浓度梯度。为此需在其流动方向上任一位置取一体积为 $\mathrm{d}V_R$ 的微元体,做底物的质量衡算。如图 6-18 所示。

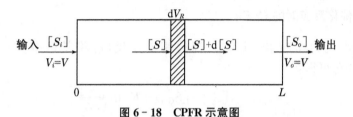

图 6-18　CPFR 示意图

对 $\mathrm{d}V_R$ 做底物衡算式为:

$$\mathrm{d}V_R \frac{\mathrm{d}[S]}{\mathrm{d}t} = V[S] - \mathrm{d}V_R r_S - V([S] + \mathrm{d}[S]) \qquad (6-89)$$

稳态时,$\dfrac{\mathrm{d}[S]}{\mathrm{d}t}=0$,则有:$-V\mathrm{d}[S]=r_S\mathrm{d}V_R$ $\qquad (6-90)$

反应器入口,$l=0$,$[S]=[S_i]$,$X_S=0$;

反应器出口,$l=L$,$[S]=[S_O]$,$X_S=X_S$,

对式(6-90)积分并整理,则为:

$$\tau_P = \frac{V_R}{V} = \int_{[S_O]}^{[S_i]} \frac{\mathrm{d}[S]}{r_S} = [S_i] \int_0^{X_S} \frac{\mathrm{d}X_S}{r_S} \qquad (6-91)$$

式中:τ_P——物料在 CPFR 中的停留时间,又称为空时。

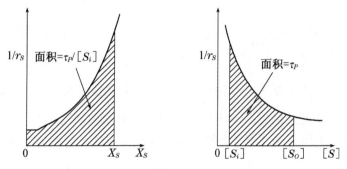

图 6-19　图解法求取 τ_P 的示意图

图 6-19 表示了上述方程的图解法。

从式(6-91)和图 6-19 可看出,CPFR 和 BSTR 具有相似的操作特性和模型方程,其差别在于前者所求的为空时 τ_P,为液相物料在反应器中的停留时间;后者所求的为反应时间 t_r。

目前,CPFR 主要用于固定化酶催化反应和废水生物处理等过程。CPFR 用于细胞悬浮培养的主要困难是,需要解决连续接种和维持反应器内恒定操作条件,为此提出了与 CSTR 相串联和带有循环的操作模式。

2. 酶催化反应时的 CPFR

对均相、动力学符合 M-M 方程的酶催化反应,将其速率方程代入式(6-91),积分可得:

$$v_{\max}\tau_P = ([S_i]-[S_O]) + K_m \ln \frac{[S_i]}{[S_O]} \tag{6-92}$$

或

$$v_{\max}\tau_P = [S_i]X_S + K_m \ln \frac{1}{1-X_S} \tag{6-93}$$

可以看出,上式与式(6-19)、式(6-20)等相似,差别仅在于这里用 τ_P 代替了 t_r。

CPFR 与 CSTR 同为连续操作式反应器,但由于反应器内流体流动模式和混合水平的不同,使反应器内的浓度分布和操作特性都有较大的差别。

以动力学符合 M-M 方程的均相反应为例,对同一反应体系,在 V、$[S_i]$ 和 $[E_0]$ 相同条件下,达到同一转化率时,CSTR 和 CPFR 两者所需反应器有效体积之比,即在 $[E_0]$ 相同亦为两者所需酶量之比为:

$$\frac{V_{R,\text{CSTR}}}{V_{R,\text{CPFR}}} = \frac{E_{\text{CSTR}}}{E_{\text{CPFR}}} = \frac{X_S + \dfrac{K_m}{[S_i]}\left(\dfrac{X_S}{1-X_S}\right)}{X_S + \dfrac{K_m}{[S_i]}\ln\dfrac{1}{1-X_S}} \tag{6-94}$$

以 $\dfrac{K_m}{[S_i]}$ 为参数,以 $\dfrac{E_{\text{CSTR}}}{E_{\text{CPFR}}}-X_S$ 作图,得到如图 6-20 所示的结果。

从图中可以看出:达到同一 X_S 时,$V_{R,\text{CSTR}} > V_{R,\text{CPFR}}$,即 $E_{\text{CSTR}} > E_{\text{CPFR}}$;随着 X_S 提高,两者差别将增大;随着 $\dfrac{K_m}{[S_i]}$ 值的增大,其比值亦在加大。这表明,随着反应程度和反应级数的提高,两种反应器的操作性能差别也愈大。

CSTR 和 CPFR 最明显的差别表现在反应器内反应物系的浓度分布上,如图 6-21 所示。

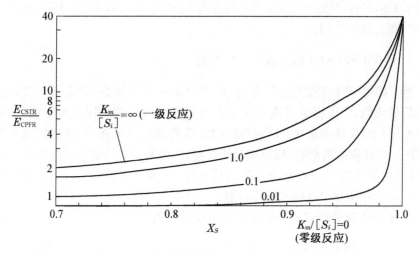

图 6－20　M-M 反应时 CPFR 与 CSTR 的比较

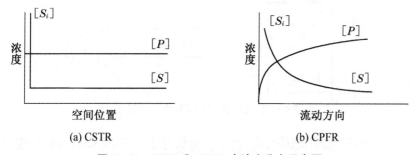

图 6－21　CSTR 和 CPFR 中浓度分布示意图

　　当底物浓度很高时，即 $\dfrac{K_m}{[S_i]}$ 值很低、反应速率呈零级反应特点，由于反应速率与浓度高低无关，达到同一转化率时存在 $V_{\text{R,CSTR}}=V_{\text{R,CPFR}}$。

　　当底物浓度较低时，即 $\dfrac{K_m}{[S_i]}$ 值很高，反应速率呈一级反应特点，反应速率与底物浓度呈正比。由于 CPFR 内维持了较高的底物浓度，当转化率相同时，存在 $V_{\text{R,CSTR}}>V_{\text{R,CPFR}}$。

　　若为底物抑制的酶反应，由于 CPFR 中维持了比 CSTR 更高的底物浓度，因而 CPFR 中底物对反应速率的抑制作用更为强烈，此时若采用 CSTR 则有利于减少底物抑制程度。

　　若为产物抑制的酶反应，由于 CSTR 中维持了比 CPFR 更高的产物浓度，导致了 CSTR 中产物对反应速率的抑制作用更大,此时若采用 CPFR 则有利于减少产物的抑制作用。

3. CPFR 和 CSTR 相串联的操作模型

当 CPFR 用于细胞悬浮培养时,要解决的主要问题是,反应器入口处必须连续提供细胞,才能保证反应连续地进行下去。为此常采用两种方法,一是将 CPFR 与 CSTR 相串联,CSTR 在前,除其自身进行反应外,还能连续稳定地为 CPFR 入口提供所需细胞,以完成最终反应;二是采用带有细胞循环的 CPFR 系统,使反应器出口处一部分物料返回其入口,以保证细胞的供给。本节仅讨论 CPFR 与 CSTR 相串联时的操作模型。

图 6-22 表示 CSTR 与 CPFR 相串联示意图。

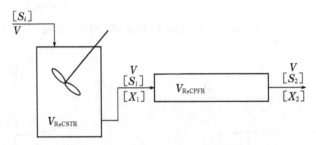

图 6-22　CSTR 与 CPFR 串联示意图

对底物反应生成细胞的反应,其细胞生长速率 r_X 既受反应底物浓度 $[S]$ 的影响,又要受到细胞浓度 $[X]$ 的影响,因此细胞生长速率 r_X 在某一 $[X]$ 值时会出现一最大值。以符合 Monod 方程的细胞生长动力学为例,$r_X - [X]$ 之关系可表示为:

$$r_X = \frac{\mu_{\max}[S]}{K_S + [S]}[X] = \frac{\mu_{\max}\left([S_i] - \frac{1}{Y_{X/S}}[X]\right)}{K_S + [S_i] - \frac{1}{Y_{X/S}}[X]}[X] \qquad (6-95)$$

从该式可以看出:$r_X - [X]$ 为一有最大值的曲线关系。

若以 $\frac{1}{r_X} - [X]$ 对应作图,则如图 6-23 所示。该曲线最低点为 r_X 最大值,相对应的横轴点则为细胞生长速率最大时的细胞浓度,以 $[X]_{opt}$ 表示。

采用 CSTR 与 CPFR 相串联的组合形式,可使 CSTR 的细胞浓度为 $[X]_{opt}$,即维持在最大细胞生长速率下操作,同时又为 CPFR 连续稳定地提供细胞,使

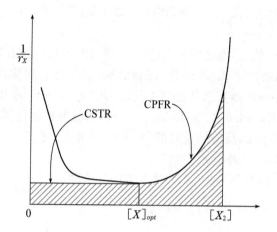

图 6-23　CSTR 与 CPFR 串联时 $\dfrac{1}{r_X}-[X]$ 关系示意图

整个反应体系连续稳定地进行。若以所需空时 $(\tau_m+\tau_P)$ 为最小,即反应器体积最小为优化目标,对细胞反应,该种组合方式不失为最优方案之一。

根据图 6-23,对 CSTR 有:

$$\tau_m=\frac{[X]_{\text{opt}}-[X_i]}{r_X} \tag{6-96}$$

若 $[X_i]=0$,令 $[X]_{\text{opt}}=[X_1]$,则式(6-96)可表示为:

$$\tau_m=\frac{[X_1]}{r_X} \tag{6-97}$$

式中,r_X 为细胞浓度等于 $[X]_{\text{opt}}$(即为 $[X_1]$)时的最大生长速率,在 CSTR 中 r_X 为一常量。

τ_m 为图 6-23 中由 $[X]=0$ 到 $[X]=[X]_{\text{opt}}$ 之间的矩形阴影面积。

对 CPFR:
$$\tau_P=\int_{[X_1]}^{[X_2]}\frac{\text{d}[X]}{r_X}=\int_{[X_1]}^{[X_2]}\frac{(K_S+[S])}{\mu_{\max}[X][S]}\text{d}[X] \tag{6-98}$$

又
$$Y_{X/S}=\frac{[X_2]-[X_1]}{[S_1]-[S_2]}$$

对式(6-98)积分,得到:

$$\mu_{\max}\tau_P=\left(1+\frac{Y_{X/S}K_S}{[X_1]+Y_{X/S}[S_1]}\right)\ln\frac{[X_2]}{[X_1]}+\frac{Y_{X/S}K_S}{[X_1]+Y_{X/S}[S_1]}\ln\frac{[S_1]}{[S_2]} \tag{6-99}$$

或
$$\mu_{\max}\tau_P=(1+a)\ln\frac{[X_2]}{[X_1]}+a\ln\frac{[S_1]}{[S_2]} \tag{6-100}$$

其中:
$$a=\frac{Y_{X/S}K_S}{[X_1]+Y_{X/S}[S_1]}\text{或}\ a=\frac{K_S}{S_0}$$

根据式(6-99)可求出 τ_P，即为图 6-23 中从$[X]_{\text{opt}}$到$[X_2]$之间曲线下所包围的阴影面积。

求出 τ_m 和 τ_P 值后，或已知加料速率 V 即可求出反应器有效体积 V_R；或已知 V_R 而求出 V；或已知 τ_m 和 τ_P 值，以确定各反应器出口组成。

例 6-7：Herbert 等报道某细胞生长动力学为 Monod 动力学形式，并已知 $\mu_{\text{max}}=0.85\ \text{h}^{-1}$，$K_S=0.012\ 3\ \text{g/L}$，$Y_{X/S}=0.53$，连续操作的加料速率控制在 $V=100\ \text{L/h}$，$[S_i]=3\ \text{g/L}$，反应结束时的$[S_O]=0.1\ \text{g/L}$。试设计一个最佳反应器组合，使得反应器体积最小。

解：如图 6-24 所示，采用 CSTR 和 CPFR 串联；

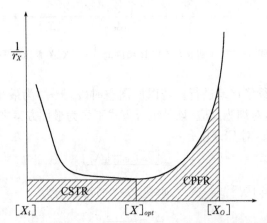

图 6-24　CSTR 与 CPFR 串联时 $1/r_X$-$[X]$关系示意图

对 CSTR 计算：

$$r_X=\frac{\mu_{\text{max}}[S]}{K_S+[S]}[X],\text{且}[S]=[S_i]-\frac{[X]}{Y_{X/S}}$$

所以，

$$r_X=\frac{\mu_{\text{max}}[S]}{K_S+[S]}[X]=\frac{\mu_{\text{max}}(Y_{X/S}[S_i]-[X])[X]}{Y_{X/S}(K_S+[S_i])[X]}\ \text{令}\ \frac{\mathrm{d}r_X}{\mathrm{d}[X]}=0$$

即，　　$$[X]^2-2Y_{X/S}(K_S-[S_i])[X]+Y_{X/S}^2[S_i](K_S+[S_i])=0$$

得，　　　　　　　　$$[X]_{\text{opt}}=1.494\ 5\ \text{g/L}$$

$$\tau_m=\frac{1}{r_X}([X]_{\text{opt}}-[X_i])=0.841\times(1.494\ 5-0)=1.257\ \text{h}$$

又因为，$\tau_m=\frac{1}{D}=\frac{V_R}{V}$，$V_{R,\text{CSTR}}=\tau_m V=1.257\times100=125.7\ \text{L}$

对 CPFR 计算：$\tau_P = \int_{[X]_{\mathrm{opt}}}^{[X]} \dfrac{1}{r_X} \mathrm{d}[X]$，积分整理为：

$$\frac{(K_S Y_{X/S} + Y_{X/S}[S]_{\mathrm{opt}} + [X]_{\mathrm{opt}})}{(Y_{X/S}[S]_{\mathrm{opt}} + [X]_{\mathrm{opt}})} \ln\left(\frac{[X]}{[X]_{\mathrm{opt}}}\right) -$$

$$\frac{K_S Y_{X/S}}{(Y_{X/S}[S]_{\mathrm{opt}} + [X]_{\mathrm{opt}})} \ln\left[\frac{Y_{X/S}[S]_{\mathrm{opt}} + [X]_{\mathrm{opt}} - [X]}{Y_{X/S}[S]_{\mathrm{opt}}}\right] = \mu_m \tau_P$$

计算可得：$\tau_P = 0.035\,96$ h，且 $\tau_P = \dfrac{1}{D} = \dfrac{V_{R,CPFR}}{V}$，

$\therefore V_{\mathrm{R,CPFR}} = 100 \times 0.035\,96 = 3.6$ L

即，使用 125.7 L 的 CSTR 反应器在前，3.6 L 的 CPFR 在后的组合，可使反应器体积最小，CSTR 的出口条件为：$[X]_{\mathrm{opt}} = 1.494\,5$ g/L，$[S]_{\mathrm{opt}} = 0.180\,2$ g/L。

4. 带细胞循环的 CPFR 操作模型

带细胞循环的 CPFR 可使部分细胞从出口循环返回到反应器进口，以使 CPFR 始终保持有细胞存在，以保证细胞生长反应连续稳定地进行。

带细胞循环 CPFR 的主要操作变量是物料的循环量，或称为循环比。循环比的大小，改变了该反应器系统的操作特性。

图 6-25 为带循环 CPFR 的物料关系示意图。

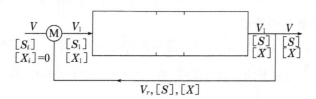

图 6-25　带循环 CPFR 的物料关系示意图

定义物料循环比 R 为：
$$R = \frac{V_r}{V} \tag{6-101}$$

反应器入口处物料量为：$V_1 = V + V_r = V(1 + R)$

反应器入口处 $[S_1]$ 和 $[X_1]$ 分别为：

$$[S_1]: V[S_i] + RV[S] = V(1+R)[S_1]$$

$$[S_1] = \frac{[S_i] + R[S]}{1 + R} \tag{6-102}$$

$[X_1]$：因 $[X_i] = 0$，则 $[X_1] = \dfrac{R}{1+R}[X]$ $\tag{6-103}$

对有循环 CPFR，反应器内流动模式仍为平推流，其关系式表示为：

$$\tau_P = \frac{V_R}{V} = (1+R)\int_{[S]}^{\frac{[S_i]+R[S]}{1+R}} \frac{d[S]}{r_S} \qquad (6-104)$$

或
$$\tau_P = \frac{V_R}{V} = (1+R)\int_{\frac{R[X]}{1+R}}^{[X]} \frac{d[X]}{r_X} \qquad (6-105)$$

当 $R\rightarrow\infty$ 时,该操作体系表现为 CSTR 操作特性;当 $R\rightarrow0$ 时,CPFR 则无法进行反应。所以,带循环 CPFR,必存在一最佳循环比,在该循环比下操作,可使达到某一反应结果时所需 τ_P 值为最小。

根据式(6-105),对 R 求导得:

$$\frac{d\tau_P}{dR} = \int_{[X_1]}^{[X]} \frac{d[X]}{r_X} + (1+R)\left[-\frac{[X]}{(1+R)^2}\frac{1}{r_{X_1}}\right] \qquad (6-106)$$

令 $\frac{d\tau_P}{dR}=0$,则上式为:$\int_{[X_1]}^{[X]} \frac{d[X]}{r_X} = \frac{[X]}{1+R}\frac{1}{r_{X_1}}$ $\qquad (6-107)$

又根据式(6-103),有:$\frac{[X]}{1+R}=[X]-[X_1]$ $\qquad (6-108)$

所以,式(6-107)又可表示为:

$$\int_{[X_1]}^{[X]} \frac{d[X]}{r_X} = \frac{[X]-[X_1]}{r_{X_1}} \qquad (6-109)$$

式中,$[X_1]$ 为 CPFR 入口处细胞浓度,即 $[X_1]=\frac{R}{1+R}[X]$;$r_{[X_1]}$ 为细胞浓度为 $[X_1]$ 时的细胞生长速率。

从式(6-109)可看出,确定最佳循环比转化成为确定一 $[X_1]$ 值,使由 $[X_1]$ 到 $[X]$ 之间的 $\frac{1}{r_X}$ 曲线下的面积等于 $\frac{1}{r_{X_1}}$ 与($[X]-[X_1]$)之矩形面积,如图 6-26 所示。

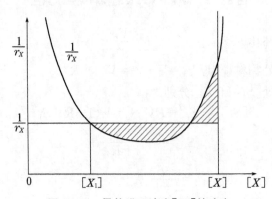

图 6-26 最佳进口浓度$[X_1]$的确定

从图 6-26 可看出,确定最佳循环比,即确定最佳 $[X_1]$ 值,是使反应器入口处细胞生长速率等于在反应器内的平均生长速率,亦即该图中两部分阴影面积相等。

若增加循环比,虽可提高 $[X_1]$ 值,但却使反应器内 $[S]$ 值下降,导致细胞的 μ 值减少;当减小循环比时,则使反应器内 $[X]$ 值降低,导致 r_X 减小。

根据式(6-104),当 $[X_i]=0$,符合 Monod 方程,则积分得到:

$$\mu_{\max}\tau_P=(1+R)\left[\frac{K_S}{[S_i]}\ln\left(\frac{[S_i]+R[S]}{R[S]}\right)+\ln\left(\frac{1+R}{R}\right)\right] \qquad (6-110)$$

若已知 $[S_i]$、$[S]$ 和 R 值就可求出 τ_P 值。

最佳循环比 R 则可由下式求出:

$$\frac{K_S}{[S_i]}\ln\left(\frac{[S_i]+R[S]}{R[S]}\right)+\ln\left(\frac{1+R}{R}\right)=\frac{1}{R}+\frac{1+R}{R}\frac{K_S}{[S_i]+R[S]} \qquad (6-111)$$

例 6-8:某细胞生长速率为: $r_X=\dfrac{4}{3}\dfrac{[S]}{4+[S]}[X](\text{g}\cdot\text{m}^{-3}\cdot\text{h}^{-1})$

已知: $[S_i]=60\ \text{g}\cdot\text{m}^{-3}$, $[X_i]=0$, $Y_{X/S}=0.1$

试求:(1) 若该反应在单级 CSTR 中进行,试确定 $r_{X,\max}$、D_{opt}、$[X]_{\text{opt}}$、$[S]_{\text{opt}}$ 和 $\tau_{m,\text{opt}}$ 分别为多少?

(2) 若要求反应最终底物浓度 $[S]$ 为 $3\ \text{g}\cdot\text{m}^{-3}$,并在同一 CSTR 中进行, τ_m 为多少?

(3) 若采用一带循环的 CPFR 进行上述反应,其他条件同上,求其最佳循环比 R_{opt} 是多少? 此时 τ_P 又为多少?

(4) 若采用 CSTR 与 CPFR 相串联,CSTR 出口的 $[S]=[S]_{\text{opt}}$,加料体积流量 $V=2.5\ \text{m}^3\cdot\text{h}^{-1}$,CPFR 出口 $[S]=3\ \text{g}\cdot\text{m}^{-3}$,试求 τ_P 和 V_R 为多少?

(5) 比较(2)、(3)和(4)各种操作方案的细胞产率 P_X 分别为多少?

解:(1) 根据已知条件分别求出:

$$N=\sqrt{1+\frac{[S_i]}{K_S}}=\sqrt{1+\frac{60}{4}}=4$$

$$r_{X,\max}=\mu_{\max}Y_{X/S}[S_i]\frac{N-1}{N+1}=\frac{4}{3}\times0.1\times60\times\frac{4-1}{4+1}=4.8\ \text{g}\cdot\text{m}^{-3}\cdot\text{h}^{-1}$$

$$D_{\text{opt}}=\mu_{\max}\frac{N-1}{N}=\frac{4}{3}\times\frac{3}{4}=1\ \text{h}^{-1}$$

$$\tau_{m,\text{opt}}=\frac{1}{D_{\text{opt}}}=1\ \text{h}$$

$$[X]_{\text{opt}}=Y_{X/S}[S_i]\frac{N}{N+1}=0.1\times60\times\frac{4}{5}=4.8\ \text{g}\cdot\text{m}^{-3}$$

$$[S]_{opt} = [S_i] \frac{1}{N+1} = 60 \times \frac{1}{5} = 12 \ g \cdot m^{-3}$$

（2）若$[S] = 3 \ g \cdot m^{-3}$，则：$D = \mu = \mu_{max} \dfrac{[S]}{K_S + [S]} = \dfrac{4}{3} \times \dfrac{3}{4+3} = \dfrac{4}{7} \ h^{-1}$

$$\tau_m = \frac{1}{D} = \frac{7}{4} = 1.75 \ h$$

（3）① 求R_{opt}

根据　$\dfrac{K_S}{[S_i]} \ln \dfrac{[S_i] + R[S]}{R[S]} + \ln \dfrac{1+R}{R} = \dfrac{1+R}{R} \dfrac{K_S}{[S_i] + R[S]} + \dfrac{1}{R}$

将$[S_i] = 60 \ g \cdot m^{-3}$、$[S] = 3 \ g \cdot m^{-3}$、$K_S = 4 \ g \cdot m^{-3}$代入上式，通过试差法，求得：

$$R = R_{opt} = 2.5$$

② 求τ_P

根据 $\mu_{max} \tau_P = (1+R) \left[\dfrac{K_S}{[S_i]} \ln \dfrac{[S_i] + R[S]}{R[S]} + \ln \dfrac{1+R}{R} \right]$

将已知数据和$R = 2.5$代入，求得：$\tau_P = 1.26 \ h$

（4）CSTR 与 CPFR 串联，$V = 2.5 \ m^3 \cdot h^{-1}$，CPFR 出口$[S] = 3 \ g \cdot m^{-3}$，

对 CSTR 通过（1）已求出，$\tau_{m,opt} = 1 \ h$，$V_{R,CSTR} = 2.5 \ m^3$；

对 CPFR，则通过式：

$$\mu_{max} \tau_P = \left(1 + \frac{Y_{X/s} K_S}{[X_1] + Y_{X/S}[S_1]} \right) \ln \frac{[X_2]}{[X_1]} + \frac{Y_{X/s} K_S}{[X_1] + Y_{X/s}[S_1]} \ln \frac{[S_1]}{[S_2]}$$

因已知：$[X_1] = 4.8 \ g \cdot m^{-3}$，$[S_1] = 12 \ g \cdot m^{-3}$，$[S_2] = 3 \ g \cdot m^{-3}$，

$$[X_2] = Y_{X/S}([S_i] - [S_2]) = 0.1 \times (60 - 3) 5.7 \ g \cdot m^{-3}$$

代入上式求得：$\tau_P = 0.23 \ h$，$V_{R,CPFR} = V \tau_P = 2.5 \times 0.23 = 0.575 \ m^3$

总空时　　　　　　$\tau = \tau_m + \tau_P = 1 + 0.23 = 1.23 \ h$

总体积　　$V_R = V_{R,CSTR} + V_{R,CPFR} = 2.5 + 0.575 = 3.075 \ m^3$

（5）比较产率大小：

单级 CSTR：$P_X = r_X = \dfrac{Y_{X/s}([S_i] - [S])}{\tau_m} = \dfrac{0.1(60-3)}{1.75} = 3.257 \ g \cdot m^{-3} \cdot h^{-1}$

带循环 CPFR：$P_X = \dfrac{0.1(60-3)}{1.26} = 4.524 \ g \cdot m^{-3} \cdot h^{-1}$

CSTR+CPFR：$P_X = \dfrac{0.1(60-3)}{1.23} = 4.634 \ g \cdot m^{-3} \cdot h^{-1}$

通过上述计算可看出：CSTR 与 CPFR 串联时其细胞产率最高，而单级 CSTR 的细胞产率最低。

第六节　补料分批操作反应过程模型

1. 基本操作模型

补料分批，又称流加操作，它为半分批式操作中比较重要的一类。它是在细胞反应过程中仅补加底物而不同时排出产物，因而在反应过程中反应体积不断增大的一种介于分批和连续之间的一种操作。

在细胞反应过程中实施流加操作，既可在较长时间内维持反应器内所需底物的供应，又能使反应器内底物浓度维持在较低的水平，以消除底物的抑制、促进细胞的生长和产物的积累。因此，实施流加操作可有效地对细胞反应过程加以控制，以提高反应过程的水平。它适用于细胞高密度培养、有底物抑制或存在分解代谢物阻遏的反应、营养缺陷型菌株的培养、需补充前体物的反应、存在Crabtree效应的培养系统和高黏度的培养系统等。目前已应用于氨基酸、生长激素、抗生素、维生素、酶制剂、有机酸、核苷酸和单细胞蛋白的生产中。

例如，在面包酵母生产中，若葡萄糖浓度过高，由于酵母细胞好氧吸附能力的限制，导致酵母将启动厌氧呼吸途径而将过剩的葡萄糖转化为乙醇，产生Crabtree效应，致使细胞得率下降。在分批培养中，由于大部分反应时间内反应液中葡萄糖浓度均远大于饱和常数 K_S，因此无法避免乙醇的产生。如果采用流加方式将葡萄糖的添加速率控制在酵母的好氧吸附能力之内，使反应液中的葡萄糖浓度维持在接近于零的水平，就可以完全避免乙醇的产生，使底物转化为细胞的程度达到最大。

又例如，在青霉素生产过程中，产物主要在细胞对数生长期的后期和稳定期生成，这一方面是由于高浓度的底物会抑制产物的合成；另一方面青霉素属于次级代谢产物，是细胞在不利的环境下为保护自身的本能代谢产物。但是产物合成又需适量的底物作为物质和能量的来源。为此，工业上通常是先以分批操作得到高浓度的产黄青霉细胞，在此阶段青霉素产量甚少。然后在指数生长期的后期（反应液中限制性底物已消耗殆尽），按照产物合成和维持能所需底物的消耗速率向反应液中流加碳源和氮源，此时产物开始大量生成。通过分批和流加两个操作阶段。可以适当延长细胞生长稳定期，从而提高产物的产量。

因此，从工业应用角度分析，以流加操作进行细胞反应是一种非常理想的操作模式。

流加操作的核心是控制底物的浓度。其关键则是流加什么物质和流加方式。前者与微生物生理学、生物化学和遗传学等方面有关;而后者,即流加方式则应是工程上更为关心的内容。这也是本节所要讨论的内容。

根据流加方式的不同,可将流加操作方式分为无反馈控制流加与反馈控制流加两大类。前者包括恒速流加、间歇流加、变速流加和指数流加等补料速率控制方法;后者为具有反馈控制系统的补料方法,又可进一步分为包括溶氧恒定、pH 恒定、CO_2 释放速率和细胞浓度的间接反馈控制和基于底物浓度的直接反馈控制。

对无反馈控制流加,底物的流加速率则需按照预先设定来变化,因此描述系统的数学模型正确与否则成为操作好坏的关键。对有反馈控制的流加,由于存在反馈控制,因此没有必要进行严格的数学描述,而是以参数 pH、DO、RQ、浊度和废气中 p_{CO_2} 作为控制指标。

在无反馈控制流加中,恒速流加是指以恒定的速率将底物加入反应器中;间歇流加是指向反应器中间歇地补加限制性底物;变速流加则通过在较高细胞浓度时供应更多的底物,增加细胞的生长,使生长限制性底物的补入能够与反应不同阶段的不同需求相配合;指数流加是指在整个细胞培养期间,限制性底物的补入速率与细胞生长成比例增加,此时细胞呈指数增加。

上述各种流加方式中,恒速流加是最简单的一种底物补加模式,但随着细胞的生长,其比生长速率下降;间歇流加虽可部分解决高底物浓度对细胞生长抑制的作用,但它不能适应细胞生长不同阶段对营养的不同需求;变速流加则可以在保证维持较高的细胞比生长速率的同时又节约补料的用量;指数流加则更符合细胞生长对营养的需求规律,是一种简单有效的流加方式。

本节主要讨论恒速流加和指数流加的操作模型。

图 6-27 为流加操作示意图。

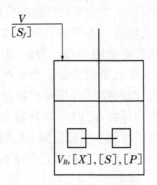

动画:补料分批
发酵的准态

图 6-27　流加操作示意图

假设底物流加速率为 V，底物浓度为 $[S_f]$，根据式$(6-2)$、$(6-3)$ 和 $(6-4)$，搅拌槽式反应器的流加操作模型可表示为：

细胞：
$$\frac{\mathrm{d}(V_R[X])}{\mathrm{d}t} = V_R\mu[X] \qquad (6-112)$$

底物：
$$\frac{\mathrm{d}(V_R[S])}{\mathrm{d}t} = V[S_f] - V_R q_S[X] \qquad (6-113)$$

产物：
$$\frac{\mathrm{d}(V_R[P])}{\mathrm{d}t} = V_R q_P[X] \qquad (6-114)$$

根据上述式$(6-112)$、$(6-113)$ 和式$(6-114)$，则有：

$$\mu = \frac{1}{V_R[X]}\frac{\mathrm{d}(V_R[X])}{\mathrm{d}t} \qquad (6-115)$$

$$q_S = \frac{1}{V_R[X]}\left[V[S_f] - \frac{\mathrm{d}(V_R[S])}{\mathrm{d}t}\right] \qquad (6-116)$$

$$q_P = \frac{1}{V_R[X]}\frac{\mathrm{d}(V_R[P])}{\mathrm{d}t} \qquad (6-117)$$

反应器有效体积随时间的变化为：

$$\frac{\mathrm{d}V_R}{\mathrm{d}t} = V \qquad (6-118)$$

式$(6-112)$ 可表示为：

$$V_R\frac{\mathrm{d}[X]}{\mathrm{d}t} + [X]\frac{\mathrm{d}V_R}{\mathrm{d}t} = V_R\mu[X] \qquad (6-119)$$

又因：
$$\frac{\mathrm{d}V_R}{\mathrm{d}t} = V, \frac{V}{V_R} = D,$$

所以式$(6-119)$ 可表示为：

$$\frac{\mathrm{d}[X]}{\mathrm{d}t} = (\mu - D)[X] \qquad (6-120)$$

若底物同时消耗于细胞生长、维持能和生成产物时，则式$(6-113)$ 经展开和整理为：

$$\frac{\mathrm{d}[S]}{\mathrm{d}t} = D([S_f] - [S]) - \left(\frac{\mu}{Y_G} + m_S + q_P\right)[X] \qquad (6-121)$$

式$(6-114)$ 可表示为：

$$\frac{\mathrm{d}[P]}{\mathrm{d}t} = q_P[X] - D[P] \qquad (6-122)$$

上述各式中的 D 为：

$$D = \frac{V}{V_R} = \frac{V}{V_{R_0} + Vt} \qquad (6-123)$$

式中，V_{R_0} 为流加开始时反应器的有效体积。

该式表明，流加操作中稀释率的大小是变化的，若 V 不变，则将因体积增大而减小。

2. 恒速流加

以恒定流速流加限制性底物是一种最简单的流加操作方式。

假定反应器内为理想混合，反应只有一种限制性底物，底物仅用于细胞生长，$Y_{X/S}$ 为一常数。

在恒速流加开始阶段，所加入的限制性底物不能被细胞所利用，其浓度 $[S]$ 逐渐升高，此时的细胞浓度 $[X]$ 则因底物的流加而被稀释，致使其下降；随着流加过程的进行，反应液中因细胞的生长而使其浓度升高，限制性底物浓度反而下降。同时，稀释率则由于反应器有效体积的增加而下降。

当限制性底物的消耗速率等于其流加速率时，此时流加操作可视为处于拟稳态操作。它的主要特征如下。

（1）底物　底物的消耗速率等于底物的流加速率，$[S]$ 值很低，趋于零，但并不等于零，拟稳态下限制性底物浓度变化很小，而其他非限制性底物浓度则可能变化很大，这也是流加操作的拟稳态和连续操作的稳态的不同之处，因此拟稳态并不是严格的稳态。在拟稳态下，有：

$$[S] = \frac{K_S \dfrac{V}{V_R}}{\mu_{\max} - \dfrac{V}{V_R}} \tag{6-124}$$

（2）细胞　流加底物全部用于细胞生长，在拟稳态下有：

$$[X] = [X]_{\max} = Y_{X/S}[S_f] \tag{6-125}$$

$$\frac{\mathrm{d}[X]}{\mathrm{d}t} \approx 0 \tag{6-126}$$

当 $t=0$ 时，反应器内细胞总量为 $V_{R_0}[X_0]$，则时间为 t 时的细胞总量应为：

$$V_R[X] = V_{R_0}[X_0] + VY_{X/S}[S_f]t \tag{6-127}$$

该式表明，恒速流加时，细胞总量随流加时间呈线性增加。

（3）比生长速率　比生长速率 μ 随流加时间 t 的变化为：

$$\frac{\mathrm{d}\mu}{\mathrm{d}t} = \frac{\mathrm{d}\left(\dfrac{V}{V_R}\right)}{\mathrm{d}t} = \frac{\mathrm{d}}{\mathrm{d}t}\left(\frac{V}{V_{R_0}+Vt}\right) = -\frac{V^2}{(V_{R_0}+Vt)^2} \tag{6-128}$$

当 $V_R \gg V_{R_0}$ 时，有：

$$\frac{\mathrm{d}\mu}{\mathrm{d}t}=-\frac{1}{t^2} \tag{6-129}$$

这表明:拟稳态初期,μ 将随 t 快速下降,然后在更长的时间内则以较慢的速率下降。

如果考虑代谢产物的生成,则根据式(6-122),产物的浓度变化取决于其生成速率和稀释率,而其生成速率则与 q_P 和 μ 的关系有关。

如果 q_P 与细胞生长相关,则 q_P 亦将随 μ 的下降而下降,而 μ 则又随 D 的减小而减小。此时 $\dfrac{\mathrm{d}[P]}{\mathrm{d}t}\approx0$,产物浓度近似为一定值。

如果 q_P 与细胞生长无关,q_P 为一常数时,在流加开始的一段时间内,由于加料的稀释作用,致使 $D[P]>q_P[X]$,$\mathrm{d}[P]/\mathrm{d}t<0$,$[P]$ 随时间而下降;随流加时间的延长,则 D 下降,致使 $D[P]<q_P[X]$,$\mathrm{d}[P]/\mathrm{d}t>0$,$[P]$ 随时间而升高。

当 q_P 为常数时,根据式(6-122),可得:

$$[P]=[P_0]\frac{V_{R_0}}{V_R}+q_P[X]_{\max}\left(\frac{V_{R_0}}{V_R}+\frac{Dt}{2}\right)t \tag{6-130}$$

当 q_P 不为常数时,则有:

$$[P]=[P_0]\frac{V_{R_0}}{V_R}+\frac{1}{V_R}\int_0^t q_P(t)[X]_{\max}\left(\frac{V_{R_0}}{V_R}+\frac{Dt}{2}\right)\mathrm{d}t \tag{6-131}$$

图 6-28 表示了恒速流加过程中,$\mu(D)$、$[X]$、$[S]$ 和 $[P]$ 随 t 变化的示意图。

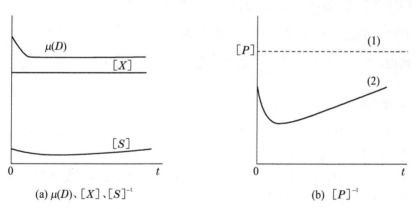

(a) $\mu(D)$、$[X]$、$[S]^{-1}$　　　　　　(b) $[P]^{-1}$

图 6-28　恒速流加拟稳态时 μ、$[X]$、$[S]$ 和 $[P]$ 随 t 变化示意图

(1) $q_P=f(\mu)$;(2) $q_P=$ 常数

从图中可以看出,恒速流加达到拟稳态后,$\mu(D)$ 随 t 而下降;$[X]$ 为一常数;$[S]$ 值很小趋于零;q_P 与 μ 严格相关时,$[P]$ 为常数;q_P 与 μ 无关且为常数时,

$[P]$则为一先降后升的曲线;如果q_P与μ存在较复杂的关系,则流加的加料策略应根据q_P与μ的关系进行优化设计。

例 6-9:在$V=200\ mL \cdot h^{-1}$的恒速流加操作中培养某细胞,流加底物的浓度$[S_f]=100\ g \cdot L^{-1}$,该反应符合 Monod 方程,参数为$\mu_{max}=0.3\ h^{-1}$,$K_S=0.1\ g \cdot L^{-1}$,$Y_{X/S}=0.5$。流加开始时,生物质总量$V_{R_0}[X_0]$为 30 g,当流加 2 h 后,系统处于一拟稳态,此时反应器有效体积V_R为 1 000 mL。试确定:

(1) 培养液的初始体积;

(2) 流加 2 h 时反应器中的底物浓度;

(3) 流加 2 h 时反应器中的生物总量;

(4) 当q_P为常数且为$0.2\ h^{-1}$、$[P_0]=0$时,流加 2 h 时反应器中的产物浓度。

解:(1) $V_R=V_{R_0}+Vt$

所以:$V_{R_0}=V_R-Vt=1\ 000-200 \times 2=600\ mL$

(2) $D=\dfrac{V}{V_R}=\dfrac{200}{1\ 000}=0.2\ h^{-1}$

$$[S]=\frac{K_S D}{\mu_{max}-D}=\frac{0.1 \times 0.2}{0.3-0.2}=0.2\ g \cdot L^{-1}$$

(3) $V_R[X]=V_{R_0}[X_0]+VY_{X/S}[S_f]t=30+0.2 \times 0.5 \times 100 \times 2=50\ g$

(4) $[P]=[P_0]\dfrac{V_{R_0}}{V_R}+q_P[X]_{max}\left(\dfrac{V_{R_0}}{V_R}+\dfrac{Dt}{2}\right)t$

其中:$[X]_{max}=Y_{X/S}[S_f]=0.5 \times 100=50\ g \cdot L^{-1}$

所以:$[P]=0+0.2 \times 50\left(\dfrac{600}{1\ 000}+\dfrac{0.2 \times 2}{2}\right) \times 2=16\ g \cdot L^{-1}$

3. 指数流加

通过采用流加速率随时间呈指数变化的方式流加限制性底物,以维持细胞比生长速率不变的操作模式称为指数流加操作。

开始流加时,反应器有效体积为V_{R_0},细胞浓度为$[X_0]$,细胞比生长速率为μ_0。在保持μ_0为定值时,由式(6-112)可得到:

$$V_R[X]=V_{R_0}[X_0]e^{(\mu_0 t)} \tag{6-132}$$

根据 Monod 方程,只有当限制性底物的浓度保持恒定时,细胞比生长速率才能保持不变。

根据式(6-113),在$\dfrac{d[S]}{dt}=0$时并经整理,则:

$$V_t Y_{X/S}([S_f]-[S])=\mu_0 V_R[X] \tag{6-133}$$

式中：V_t——时间 t 时的加料速率。

则
$$V_t=\frac{\mu_0 V_{R_0}[X_0]}{Y_{X/S}([S_f]-[S])}\cdot e^{(\mu_0 t)} \tag{6-134}$$

流加过程中，反应器有效体积的变化表示为：

$$V_R = V_{R_0}+\int_o^t V_t \mathrm{d}t = V_{R_0}+\frac{V_{R_0}[X_0]}{Y_{X/S}([S_f]-[S])}[e^{(\mu_0 t)}-1] \tag{6-135}$$

或
$$\frac{V_R}{V_{R_0}}=1-A[X_0]+A[X_0]e^{(\mu_0 t)} \tag{6-136}$$

式中：
$$A=\frac{1}{Y_{X/S}([S_f]-[S])}$$

流加时间为 t 时的细胞浓度为：

$$\frac{[X]}{[X_0]}=\frac{e^{(\mu_0 t)}}{1-A[X_0]+A[X_0]e^{(\mu_0 t)}} \tag{6-137}$$

上述各式提供了在 μ_0 恒定时，V_t、V_R、$[X]$ 随流加时间 t 变化的关系式。其中 V_t、V_R 均随时间 t 呈指数增加，$[X]$ 则随时间呈单调增加。

若 $[S_f]\gg[S]$，则 $Y_{X/S}[S_f]=[X_0]$，上述各式可分别简化为：

$$V_t=\mu_0 V_{R_0} e^{(\mu_0 t)} \tag{6-138}$$
$$V_R=V_{R_0} e^{(\mu_0 t)} \tag{6-139}$$
$$[X]=[X_0]=Y_{X/S}[S_f] \tag{6-140}$$

因此，指数流加的主要特征是：限制性底物的流加速率随时间呈指数变化；细胞比生长速率和限制性底物浓度为定值。

图 6-29 表示了某基因工程菌实施指数流加发酵时 $[X]$ 和 $[S]$ 随时间变化的曲线。

在实际操作中，细胞的生长也可能会受到限制，当 $[X]$ 达到某一值时，此前的非限制

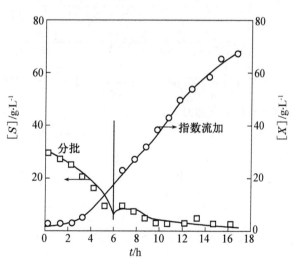

图 6-29　指数流加时 $[X]$、$[S]$ 随时间变化曲线

因素可能会因细胞浓度的增大而成为新的限制因素,从而导致细胞的高速生长不能持续下去。例如,氧的传递速率就往往会成为限制提高细胞密度的重要因素。

例 6-10: 在一由细菌 *Alcaligenes Latus* 胞内生产聚 β-羟基丁酸(PHB)的流加操作过程中,若要求在流加前的分批培养过程中细胞比生长速率为 $\mu_0 = 0.25\ \text{h}^{-1}$,然后进行以限制性底物蔗糖的指数流加操作。已知:$\mu = \dfrac{0.3[S]}{1.5+[S]}$ (h^{-1});$Y_{X/S}=0.37$;$V_{R_0}=2\ \text{L}$;流加的蔗糖浓度$[S_f]=500\ \text{g}\cdot\text{L}^{-1}$。在分批培养开始时$[X]=0$,所加入的蔗糖浓度$[S_0]=40\ \text{g}\cdot\text{L}^{-1}$。

试求:(1) 底物流加的速率方程。

(2) 当流加 20 h 时的流加速率、反应器有效体积和细胞浓度分别为多少?

(3) 若开始流加时,$[X_0]=Y_{X/S}[S_f]$,$[S]\approx 0$,则流加 20 h 时的 V_t、V_R、$[X]$ 又为多少?

解:(1) 开始流加时:$[X_0]=Y_{X/S}([S_0]-[S])=0.37(40-0)=14.8\ \text{g}\cdot\text{L}^{-1}$

$$[S]=\frac{K_S\mu_0}{\mu_{\max}-\mu_0}=\frac{1.5\times0.25}{0.3-0.25}=7.5\ \text{g}\cdot\text{L}^{-1}$$

则 $V_t=\dfrac{\mu_0 V_{R_0}[X_0]}{Y_{X/S}([S_f]-[S])}e^{(\mu_0 t)}=\dfrac{0.25\times2\times14.8}{0.37(500-7.5)}e^{(0.25t)}=4.06\times10^{-2}e^{(0.25t)}$

(2) 流加 20 h 时,则有:$V_t=4.06\times10^{-2}\times e^{(0.25\times20)}=6.03\ \text{L}\cdot\text{h}^{-1}$

$$V_R=V_{R_0}\left[1-\frac{[X_0]}{Y_{X/S}([S_f]-[S])}+\frac{[X_0]}{Y_{X/S}([S_f]-[S])}e^{(\mu_0 t)}\right]$$

$$=2\left[\frac{14.8}{0.37(500-7.5)}+\frac{14.8}{0.37(500-7.5)}e^{(0.25\times20)}\right]=25.83\ \text{L}$$

$$[X]=\frac{V_{R_0}}{V_R}[X_0]e^{(\mu_0 t)}=\frac{2}{25.83}\times14.8\times e^{(0.25\times20)}=169.71\ \text{g}\cdot\text{L}^{-1}$$

(3) 若开始流加时,$[X_0]=Y_{X/S}[S_f]=0.37\times500=185\ \text{g}\cdot\text{L}^{-1}$

流加过程中,维持 $[S]\approx0$,则有:$V_t=\mu_0 V_{R_0}e^{(\mu_0 t)}=0.25\times2\times e^{(0.25\times20)}=74.2\ \text{L}\cdot\text{h}^{-1}$

$$V_R=V_{R_0}e^{(\mu_0 t)}=2e^{(0.25\times20)}=296.8\ \text{L}$$

$$[X]=\frac{V_{R_0}[X_0]}{V_R}e^{(\mu_0 t)}=\frac{2\times185}{296.8}\times e^{(0.25\times20)}=185\ \text{g}\cdot\text{L}^{-1}$$

这表明,当$[X_0]=Y_{X/S}[S_f]$,$[S]\approx0$ 时,其流加过程中$[X]$亦为一常数。

本章小结

为了研究各种发酵过程的实质,进而对发酵过程进行合理的设计、优化、控制与操作,必须进行发酵过程动力学的研究,而发酵的实质是生物化学反应,所以研发发酵动力学就是研究微生物的生化反应动力学。发酵过程动力学主要是研究各种环境因素与微生物代谢活动之间的相互作用随时间而变化的规律,其主要的研究方法是利用数学模型定量描述发酵过程中影响细胞生长、基质利用和产物生成的各种因素。根据发酵过程中物料的加入和排出的方式不同,发酵可以分为分批发酵、补料分批发酵和连续发酵。

分批发酵最原始的操作方式,效率比较低。其最大缺点是尽管微生物的活性和技能因其所处的环境大幅度变化,也根本不控制培养基组分等环境因素,而任其自然变化,这样不利于生产。另外,在每一批主反应(生产阶段)之前,必须进行几代种子培养,这也是批式发酵的一大缺点。流加操作改良了批式发酵的第一个缺点,而连续发酵则对批式发酵的两个缺点都有所改善。

思考题

1. 在一间歇操作的反应器中进行均相酶反应 $S \rightarrow P$,已知该反应的动力学方程为 $v_s = \dfrac{200[S][E_0]}{2+[S]}$。已知 $[E_0] = 0.001 \ mol \cdot L^{-1}$,$[S_0] = 10 \ mol \cdot L^{-1}$。试求当反应底物 S 的浓度下降到 $0.025 \ mol \cdot L^{-1}$,所需要的反应时间是多少?

2. 对某一 $S \rightarrow P$ 的均相酶反应,假定其反应动力学符合 M-M 方程,又已知其 $K_m = 1.2 \ mol \cdot L^{-1}$,$v_{max} = 3 \times 10^{-2} \ mol \cdot L^{-1} \cdot min^{-1}$。现要设计 BSTR,使其产物 P 年产量为 72 000 mol,并已知 $[S_0] = 2 \ mol \cdot L^{-1}$,$X_S = 0.95$,全年反应器的操作时间为 7 200 h,每批操作的辅助时间为 2 h。试求所需反应器的有效体积。

3. 在一分批式操作的生物反应器中进行大肠杆菌培养,细胞生长符合 Monod 动力学,已知 $\mu_{max} = 0.935 \ h^{-1}$,$K_S = 0.71 \ kg \cdot m^{-3}$,底物初始浓度为 $50 \ kg \cdot m^{-3}$,菌体初始浓度为 $0.1 \ kg \cdot m^{-3}$,$Y_{X/S} = 0.6$,试求当80%的底物已反应时所需的反应时间?

4. 在一定的酶浓度下,液相底物 S 分解为产物 P,该反应器仅有底物 S 影响其反应速率,其动力学数据如下:

$[S]/mol \cdot L^{-1}$	1	2	3	4	5	6	8	10
$v_s/mol \cdot L^{-1} \cdot min^{-1}$	1	2	3	4	4.7	4.9	5	5

现在 CSTR 中进行此分解反应,保持相同的酶浓度和其操作条件。试求:

(1) 当 $V_R=250$ L,$[S_0]=10$ mol $\cdot$ L^{-1},$X_S=0.80$ 时,进料体积流量 V 应为多少?

(2) 当 $V=100$ L $\cdot$ min^{-1},$[S_0]=15$ mol $\cdot$ L^{-1},$X_S=0.80$ 时,反应器有效体积 V_R 为多大?

(3) 当 $V_R=3$ m^3,$V=1$ m^3 $\cdot$ min^{-1},$[S_0]=8$ mol $\cdot$ L^{-1}时,反应器出口底物浓度和反应器内底物浓度各位多少?

(4) 当 $V_R=1$ m^3,$F=1$ m^3 $\cdot$ min^{-1},$[S_0]=15$ mol $\cdot$ L^{-1},其出口底物浓度为多少?

5. 在一 5 m^3 CSTR 中进行连续发酵,加料中底物浓度为 20 kg $\cdot$ m^{-3},该反应的有关参数为:$\mu_{max}=0.45$ h^{-1},$K_S=0.8$ kg $\cdot$ m^{-3},$Y_{X/S}=0.55$。试求:

(1) 当底物达到 90% 转化时,所要求的加料速率是多少?

(2) 如果要求其细胞产率达到最大,加料速率应为多少? 细胞最大产率又是多少?

6. 某一微生物反应,其速率方程为 $r_X=\dfrac{2[S][X]}{1+[S]}$(g $\cdot$ m^{-3} $\cdot$ h^{-1})。现已知 $[S_0]=3$ g $\cdot$ m^{-3},$[X_0]=0$,$Y_{X/S}=0.5$,$V_R=1$ m^3。若该反应在 CSTR 反应器中进行。试求:

(1) 该反应的最佳加料速率应为多少? 此时反应器出口 $[X]_{opt}$、$[S]_{opt}$、$[X]_{max}$ 各为多少?

(2) 当加料速率为 $\dfrac{1}{3}$ m^3 $\cdot$ h^{-1} 时,$[X]$、$[S]$、r_X 又为多少?

7. 某微生物反应的动力学方程为 $r_X=\dfrac{2[S][X]}{1+[S]}$(g $\cdot$ L^{-1} $\cdot$ min^{-1})。已知 $[X_0]=[P_0]=0$,$[S_0]=3$ g $\cdot$ L^{-1},$Y_{X/S}=0.5$。试确定:

(1) 在单一 CSTR 中,$V_R=1$ L,$V=1$ L $\cdot$ min^{-1},求出口 $[S]=$?

(2) 在同一 CSTR 中,如果 $V=3$ L $\cdot$ min^{-1},求出口 $[S]=$?

(3) 如果在 $V=3$ L $\cdot$ min^{-1} 下操作,得到出口 $[S]=\dfrac{1}{3}$ g $\cdot$ L^{-1},则其 CSTR 的体积 $V_R=$?

(4) 在两相串联 CSTR 中进行上述反应,每一 CSTR 体积均等于 1L,加料

速率 $V=1\,\text{L}\cdot\text{min}^{-1}$，此时得到的最低 $[S]$ 值为多少？

（5）如果对上述反应采用菌体提浓后再循环的操作方式，已知 $[S_0]=3\,\text{g}\cdot\text{L}^{-1}$，$Y_{X/S}=0.5$，$V_R=1\,\text{L}$，$V=1\,\text{L}\cdot\text{min}^{-1}$，$[X_0]=[P_0]=0$，$R=\dfrac{1}{2}$，$\dfrac{[X_r]}{[X_f]}=4$，求最终离开反应系统的 $[X_f]$ 和 $[S_f]$ 各为多少？

参考文献

[1] 伦世仪,堵国成. 生化工程[M]. 北京:中国轻工出版社,2008.

[2] 陈坚等. 发酵工程优化原理与实践[M]. 北京:化学工业出版社,2002.

[3] 岑沛霖等. 生物反应工程[M]. 北京:高等教育出版社,2005.

[4] 贾士儒. 生物反应工程原理(第二版)[M]. 北京:科学出版社,2003.

[5] 戚以政,夏杰. 生物反应工程[M]. 北京:化学工业出版社,2004.

[6] 孙志浩. 生物催化工艺学[M]. 北京:化学工业出版社,2005.

[7] 余龙江. 发酵工程原理与技术应用[M]. 北京:化学工业出版社,2006.

[8] 储炬,李友荣. 现代工业发酵调控学(第二版)[M]. 北京:化学工业出版社,2006.

[9] 李寅等. 高细胞密度发酵技术[M]. 北京:化学工业出版社,2005.

[10] 叶勤. 发酵过程原理[M]. 北京:化学工业出版社,2005.

[11] 史仲平,潘丰. 发酵过程解析、控制与检测技术[M]. 北京:化学工业出版社,2005.

[12] 张星元. 发酵原理[M]. 北京:科学出版社,2005.

[13] 臧荣春,夏凤毅. 微生物动力学模型[M]. 北京:化学工业出版社,2003.

[14] 曹军卫,马辉文. 微生物工程[M]. 北京:科学出版社,2002.

[15] 陈诵英等. 催化反应动力学[M]. 北京:化学工业出版社,2006.

[16] 罗贯民. 酶工程[M]. 北京:化学工业出版社,2003.

[17] 陈洪章,徐建. 现代固态发酵原理及应用[M]. 北京:化学工业出版社,2004.

[18] 张元兴,许学书. 生物反应器工程[M]. 上海:华东理工学院出版社,2000.

[19] 俞俊棠等. 新编生物工艺学[M]. 北京:化学工业出版社,2003.

[20] 邢新会. 生物反应工程(原著第三版)[M]. 北京:化学工业出版社,2004.

[21] 郑裕国等. 生物加工过程与设备[M]. 北京:化学工业出版社,2004.

[22] 刘洪章等. 生物过程与设备[M]. 北京:化学工业出版社,2003.

[23] 朱开宏,袁渭康. 化学反应工程分析[M]. 北京:高等教育出版社,2002.

[24] 李书元,朱建华. 化学反应工程(第三版)[M]. 北京:化学工业出版

社,2004.

［25］王安杰等. 化学反应工程学［M］. 北京:化学工业出版社,2005.

［26］王树青. 生化反应过程模型化及计算机控制［M］. 杭州:浙江大学出版社,1998.

［27］刘国诠. 生物工程下游技术［M］. 北京:化学工业出版社,1993.

［28］Aiba S H, Humphrey A E, Nancy F,et al. Biochemical Engineering. 2nd ed［M］. New York:Academic Press, 1973.

［29］Asenjo J A. Bioreactor System Design［M］. New York:Marcel Dekker, 1995.

［30］Atkinson B. Biochemical Reactor［M］. London:Pion, 1974.

［31］Bailey J E, Ollis D F. Biochemical Engineering Fundamentals. 2nd ed ［M］. New York:McGraw-Hill, 1986.

［32］Bes J. Operational Models of Bioreactor［M］. Boston:Butter Worth-Heinemann, 1991.

［33］Butt J B. Reaction Kinetics and Reactor Design［M］. New Jersey:Prentice-Hall Inc. , 1980.

［34］Blanch H W. Biochemical Engineering［M］. New York:Marcel Dekker, 1996.

［35］Doran P M. Bioprocess Engineering Principles ［M］. New York:Academic Press, 1995.

［36］Dunn I J, Heinzle E, Ingham J, et al. Biological Reaction Engineering. Dynamic Modelling Fundamentals With Simulation Examples. 2nd ed ［M］. Weinheim:Wiley-VCH Verlag GmbH&Co. KGaA, 2005.

［37］Lee J M. Biochemical Engineering［M］. New Jersey:Prentice-Hall Inc. , 1992.

［38］Levenspiel O. 化学反应工程(第三版)(英文影印版)［M］. 北京:化学工业出版社,2002.

［39］Cabral JMS, Mota M, Tramper J. Multipbase Bioreactor Design［M］. Cornwall:TJ International Ltd. 2001.

［40］Mcduffie N G. Bioreactor Design Fundamentals ［C］. Boston:ButterWorth-Heinemann, 1991.

［41］Mijinbeek G. Bioreactor Design and Product Yield ［C］. Boston:ButterWorth-Heinemann, 1992.

[42] Moser A. Bioprocess Technology[M]. New York: Spring-Verlag, 1988.

[43] Riet K V, Tramper J. Basic Bioreactor Design[M]. New York: Marcel Dekker, Inc. , 1991.

[44] Schügerl K. Bioreaction Engineering[M]. New York: John Wiley & Sons, Ltd. , 1987.

[45] Schügerl K. Bioreaction Engineering: Modeling and control[M]. New York: Spring-Verlag, 2000.

[46] Shuler M L. Bioprocess Engineering Basic Concepts[M]. New Yersey: Prentice-Hall Inc. , 1989.

[47] Sinclair C G. Fermentation Kinetics and Modeling[M]. London: Open University Press, 1987.

[48] Viktor N et al. Fundamentals of cell Immobilisation [M]. Boston: Kluwer Academic Publishers, 2004.